マルチメディアを考える

清水恒平

武蔵野美術大学出版局

目次

表紙デザイン　白尾デザイン事務所

はじめに

本書のテーマは「マルチメディア」です。マルチメディアはすでに終わってしまった概念であると思う人がいるかもしれません。二〇〇八年に、武蔵野美術大学通信教育課程デザイン情報学科の三年次必修科目「マルチメディア表現」を担当することになった時、私もそう思いました。その時、あらためてマルチメディアという言葉と向き合い、何を学んでもらうべきかを考えました。

マルチメディアという言葉が最ももてはやされたのは一九九〇年代、私が大学生の頃でした。様々な意味がマルチメディアに詰め込まれ、あまりにも多くの場面で使われて、いつの間にか実体のない言葉になってしまいました。それゆえにマルチメディアとは、なんとなくわかるけれど、なんだかよくわからない言葉になり、どこからどこまでがマルチメディアなのかも曖昧なままです。

授業を行うにあたっては、まずマルチメディアの定義から始めなければなりませんでした。けれども、この概念は、現在も意義のあるものなのだろうかという疑問もありました。マルチメディアの持つ本来の意味を確認すると同時に、華々しかったマルチメディア時代から何が変わり、それが現代にどのような影響を与えているのかを再確認して授業に臨みました。二〇〇八年は初代 iPhone 発表からちょうど一年が過ぎ、スマートフォンの普及が進み始めた頃でした。これまでにも増して、マルチメディアを取り巻く環境が変わってきた時期でもあります。以来、次々に生まれるあたらしい技術や技法などを学生たちとともに見つめながら、マルチメディアについて考えてきました。

私たちの専門はデザインです。デザインの考え方も多様です。ここでデザインの定義から始めてしまうと、膨大なページ数になってしまいますので、デザインについての考え方は他の書籍に任せるとして、本書ではデザインを「人々の生活を豊かにするための行為」と捉えたいと思います。時に色や形で、時に仕組みや構造によって、生み出されたものやことによって人々の生活が豊かになる。そのような行為をデザインと捉えます。

マルチメディアの歴史は、デザインがテクノロジーによって多彩な可能性を広げた歴史でもあります。本書ではマルチメディアの歴史を振り返ると同時に、私たちデザイナーが、これから先どのようにテクノロジーとともに社会と向き合っていくべきかを考えていきたいと思います。

第1章　コンピュータが広がっていく時代

マルチメディアとは

これから「マルチメディア」について考えていきますが、まずは、その定義を再確認するところから始めたいと思います。

「メディア」とは「媒体」です。媒体とは情報を記録・蓄積する物や装置、あるいは人から人へと伝達するための物や装置を示します。記録・蓄積の端的な例としては、ラスコーの壁画や石板、紙などがあり、多くの場合、これらの記録媒体は他の装置を介することなく情報を伝達することができます。壁画や石板、紙に描かれた絵や文字は、第三者が見る（読む）ことによって、何かしらの情報がそのまま伝達されるのです。しかしながら、レコードやカセットテープなどは、音の情報が記録されていますが、人がその情報を読み取るためには再生機器が必要になるため、それ自体は単なる記録媒体であり、伝達媒体とはいえません。また、電話も情報を伝達する装置であるため、メディアの一種です。けれども、電話自体には（留守番電話は別として）記録する機能はありません。つまり、情報の伝達（コミュニケーション）だけを司る媒体です。このように、メディアには情報を「記録・蓄積」する機能、「伝達」

する機能、その両方の機能を兼ねる場合があります。

「マルチ」とは「複数の」という意味です。従来型のメディアはレコードやCDであれば音、本であれば文字や写真といった平面に定着された情報、ビデオやDVDであれば映像、といったようにそれぞれ決められた種類の情報しか扱うことができませんでした。しかし、マルチメディアは複数の種類の情報を同時に扱うことが可能になったメディアという意味になります。

メディアについてより深く考えてみると、「情報を伝達する」という意味では、あらゆるものがメディアになりうる可能性を持っています。例えば、椅子やベンチに座った時に、温もりを感じた経験があると思います。そのちょっとした温度の違いによって、少し前まで誰かがそこに座っていたことに気づきます。この場合、「少し前まで誰かがそこにいた」ことを知らせてくれる椅子はメディアであると解釈することも可能です。また、今は少なくなってしまったかもしれませんが、子どもの成長のしるしとして、毎年、身長を測って家の柱に傷をつけていく風習がありました。情報を記録するという意味では、柱もメディアであると解釈できます。このように拡大解釈をしていけば、人間自体がマルチメディアである、という定義も可能かもしれません。しかし、ここではぐっと限定して考えていきたいと思います。

いわゆる従来型のメディアとしては、レコード、カセットテープ、ビデオ、DVD、雑誌、書籍や新聞、ラジオ、テレビなどがあげられます。これらに対して、多様な情報を複合的に扱うことができるメディアといえば、コンピュータです。つまり、マルチメディアはこれまで個別のメディアで扱われていた情報を、コンピュータ上で統合して扱えるようにしたあたらしいメディアである、ということになります。本来の意味では単純にそれだけのことでした。初期のマルチメディアコンテンツといえば、CD-ROMに入ったデジタル写真集のようなものを思い出すでしょう。その後、その内容や意味合いが大きく変わっていったのは周知のとおりです。コンピュータの処理速度の向上やインターネットとの出会いによって、コンピュータに可能なことは飛躍的な展開を遂げました。つまり、マルチメディアの範囲が爆発的に増大したといえます。その一方で、マルチメディアは分野ごとにますます細分化されていきました。

しかしながら、コンピュータ、ひいてはテクノロジーとデザインの関わりを包括的に表す言葉は、未だに出現していないように思われます。あえて定義をするならば、デザインとコンピュータ・テクノロジーが結びつくことによって、どのような可能性が広がるのか、それを扱うのがマルチメディアであると私は考えています。そして、そのマルチメディアを母体として、AR、フィジカルコンピューティング、ウェアラブルコンピューティング、デジタルファブリケーション、IoT、SNS……などの分野が生まれました（各分野については、次章以降に詳述します）。

しかしながら、マルチメディアという言葉にこだわるつもりはありません。この教科書ではマルチメディアから始まって、広くデザインとテクノロジーの関係について考えていきます。次項からはコンピュータやインターネットを中心としたテクノロジーとデザインの関わりについて、歴史をたどりながら、その本質について考えていきたいと思います。それはつまり、マルチメディアの歴史を振り返ることにもつながります。

マルチメディアのはじまり

デザインの世界がコンピュータと密接に関わるようになった一九八〇年代に遡ってみましょう。

大きなきっかけの一つとなったのは一九八五年、アドビシステムズが発表したページ記述言語「PostScript」*です。それまでコンピュータ上で扱うことのできる絵や文字は、ドット（ピクセル）による粗いものでした。PostScriptの出現によって、コンピュータ上でも、それまでのドットを基にした考え方とはまったく違う手法で、なめらかな曲線を扱うことが可能になりました。そのことで、デザインの世界でも急速にデジタル化が進みました。私の専門としていたグラフィックデザインやエディトリアルデザインの世界もDTP*へと移行し、二〇〇〇年に入る頃にはほとんどのデザインの現場にコンピュータが導入されていました。

それまでデザインの仕事は今よりも分業されていました。文字はデザイナーの指定に合わせて、写植*で組まれ、カメラマンが撮影したフィルムは現像所で現像されていました。印刷所では、それらの素材を組み合わせて、印刷用の版が作られていました。今では、カメラマンがデジタ

PostScript
一九八五年にアドビシステムズが発表したページ記述言語。ページ記述言語とは、プリンタに対して描画を制御するためのプログラミング言語である。PostScriptは三次ベジェ曲線を使用して、文字や図形のアウトラインを座標で表すことで、高品質なプリントを実現している。

DTP（Desktop Publishing）
印刷物制作にまつわる作業（編集、デザイン、レイアウトから印刷まで）をコンピュータ（デスクトップ）上で行うこと。これまでよりも安価に速く制作することが可能になった。

写植
写真植字の略。印刷用版下を製作するための技術で、写真の原理を応用して、印画紙に文字を組版していく。活字とは違い、レンズを利用することで、一つの文字盤から大小のサイズの文字を出力することができる。

RAWデータ
デジタルカメラで扱われる画像データ。

ルカメラで撮影後に、RAWデータ*からの現像処理を行い、デザイナーはコンピュータ上でデータを組み合わせて版下までを制作しています。

こうして急速にコンピュータが導入されましたが、この流れにおいては、従来型のメディアである新聞や雑誌、書籍などの制作過程がデジタル化されただけで、コンピュータは、いわば「デジタル・ツール」に過ぎません。

時を同じくして、画期的なソフトウェアが登場しました。それが、HyperCard*です。デザイン業界ではApple社のコンピュータ「Macintosh」が主流でしたが、初期のMacintoshにはこのソフトウェアがバンドル*されていました。HyperCardはハイパーテキスト*を実現した初めてのソフトウェアともいわれています。ハイパーテキストとは、ハイパーリンク*で複数の文書を相互に結びつける仕組みです。みなさんが毎日のように見ているウェブサイトもハイパーテキストの構造になっています(ご存知の方も多いと思いますが、URLの頭についている「http」とは、「Hyper Text Transfer Protocol」の略です)。

HyperCardはカード形式の文書をハイパーリンクで結び、カードの上

RAWデータ
JPEGやTIFFの形式の場合は、デジタルカメラ内で画像処理を行い、情報を間引いた形で保存している。それに対してRAWデータは、レンズから入った光の情報がそのまま保存された状態のためRAW（生）データと呼ばれている。印刷などで使用する際にはデジタル現像処理を行う。

HyperCard
一九八七年にApple社が開発したソフトウェア。ハイパーテキストを実現した初めてのオーサリングソフト。

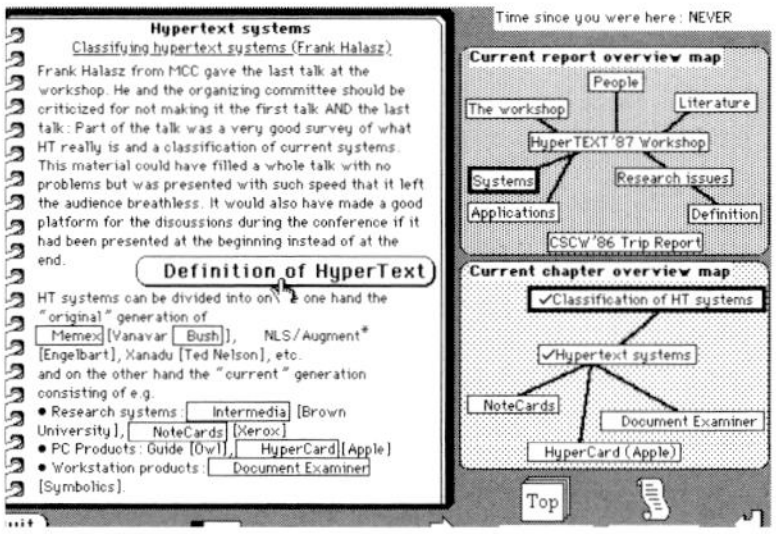

に設置されたボタンを押すことで任意のカードに飛ぶことができました。カードにはボタンのほかに、テキストや画像を配置できました。このソフトウェアを使って、対話型のマルチメディアコンテンツが作成可能となり、一部で大ヒットしたのです。HyperCard はハイパーテキストという概念を広く浸透させたソフトであり、初期のオーサリングソフト*の代表的なものといわれています。HyperCard は多くのソフトウェアに影響を与え、その後、様々なオーサリングソフトが生まれました。有名なものでは Director*、Flash* などがあげられます。

コンピュータの性能やソフトウェアの機能が向上するに従って、文字や画像だけでなく、音や動画も扱えるようになりました。一つのコンテンツの中に、それらの情報が複合的に扱われるようになり、それはまさに、マルチメディアと呼びうるものでした。HyperCard は身近にマルチメディアを扱えるようになった最初のソフトウェアの一つです。

では、従来型のメディアと何が違うのでしょうか？　まずハイパーテキストというあたらしい構造を持っていること、さらにはその構造も含めて「対話型」であることが大きく異なっています。従来型のメディア

バンドル
OS（基本ソフト）にアプリケーションを標準で付属すること。

ハイパーテキスト
複数の文書を関連づけた文書システム。一つのページの中に写真、動画、音声などの情報を結びつけることができる。

ハイパーリンク
ハイパーテキスト内に埋め込まれた他の文書や画像などへの参照のこと。

オーサリングソフト
マルチメディアコンテンツを制作するためのソフトウェア。

Director
一九八八年に旧マクロメディアが発表したオーサリングソフト。マクロメディアはのちにアドビシステムズに買収された。Director で作成されたコンテンツはプラグインソフトの Shockwave を使用することで、ブラウザからも閲覧することが可能であり、インターネットや CD-ROM の 3D コンテンツなどの作成に多く使用

では、順番にページをめくっていくだけ、あるいは決められたタイムラインに沿って再生されるだけであったのに対して、この新しいメディアでは、ユーザーの行為に反応して適切な処理を行ってくれるのです。様々な道筋でコンテンツを閲覧できるのはもちろん、ユーザーに合わせて動的にコンテンツの内容を変えることもできます。

「インタラクティブ（双方向）」という言葉はマルチメディアと同時期に頻繁に使われるようになった言葉ですが、インタラクティブという概念も含めて、反応するということは、マルチメディアに欠かせない概念です。

反応するということは、これまでも機能をともなうインダストリアルデザインや、プロダクトデザインの中でも扱われてきた問題ですが、マルチメディアの誕生によって、これまで動くことのなかった平面の中にも同じ問題、つまり、機能をデザインする必要が生まれました。それだけでなく、これまで機能をともなっていたものも、これまで以上の機能を獲得しました。これによって、何かを表現するという意味でも、ユーザーを誘導するという意味でも、「マルチ」な感覚が要求されるように

された。

Flash
一九九六年に旧マクロメディアが発表したオーサリングソフト。現在はアドビシステムズによって開発、販売されている。Flash で作成されたコンテンツはプラグインソフトの Flash Player を使用することで、ブラウザからも閲覧することが可能である。ベクターデータを使用することが可能で、Shockwave コンテンツよりも軽量なことが特徴。

なったといえます。視覚情報だけでなく、人間が「どのように振る舞うか」という行為全体を含めて、コンテンツを考えていかなければなりません。この傾向は、コンテンツが画面の外にも広がっている昨今、ますます顕著になっています。

まとめると、このあたらしいメディアは従来のメディアにはないインタラクティブ性を持ち、条件に合わせてコンテンツの内容を動的に変化させることができる特性があります。これは視覚に限らず、五感全体で認知されるメディアであることを意味しています。

デジタルデータの恩恵

コンピュータの中であらゆる情報を扱うためには、その情報をデジタル化しなければなりません。写真の場合はRGB（赤緑青）各色二五六段階（八ビットの場合）の色のピクセル、つまり小さな正方形を縦横何番目に配置するのかが数字で表現されます。音の場合は、アナログの時は、レコード盤に掘られた溝によって記録されていたものが、量子化と標本化*によって、やはり数字で表現されます。このようにこれまでの形

量子化と標本化
音や映像など、連続したアナログ信号をデジタルデータに変換する際に、一定間隔で区切って、測定した数値で表すことを量子化と呼ぶ。また、測定することを標本化（サンプリング）と呼ぶ。どれくらいの間隔で測定するかを「量子化ビット数」と呼び、この値が大きくなると、よりアナログ信号に近いデータになると同時に、データ量も増える。

式に関わらず、あらゆる情報は数字に、最終的には0と1の数字の羅列に変換され、蓄積されるようになりました。

コンピュータ上でも音や映像は、ファイル形式に違いがあり、その違いによって、扱うことのできるアプリケーションは異なりますが、デスクトップ上では、アイコンとして並べられ、等価な一ファイルとして扱うことが可能になりました。それまで別々の記録媒体に保存されていたものが、種類に関わらず、ハードディスクや、DVD-ROM、USBメモリなどに混在して保存することができるようになったのです。

また、デジタルデータになることで、情報は時間や距離の制約から解放され、インターネットを経由して、より速く、より遠くへ移動することができるようになりました。すべての情報がデジタルデータに変換されるのは当然、と思われるかもしれませんが、これこそがマルチメディアの本質の一つなのです。様々な情報をコンピュータ上で複合的に扱おうとしたマルチメディアはすなわち、あらゆる情報がデジタル化されるはじまりでした。むしろ、情報のデジタルデータ化がすべての基盤となり、その後に展開するテクノロジーの礎を築いたといっても過言ではないでしょう。

　スキャナやデジタルカメラなどの入力機器の高解像度化*と、ハードディスクの大容量化、高速化、クラウド化*によって、デジタル化の流れはますます進んでいます。すでにフィルムカメラの解像度を超えるものも出てきました。ハイレゾ*など、音の世界でも高解像度化は進んでいます。原理上、アナログとデジタルはまったく別のものなので、どちらがどちらを超える、という話はナンセンスかもしれません。しかしながら、現在、私たちの身の回りにあるリアル（アナログ）なものは、ほとんどその製造過程でなんらかのデジタル処理が加わっています。

　一昔前、デジタルは一見キレイに見えるが情報がそぎ落とされて冷たいものだ、アナログはノイズはあるかもしれないけれど温かみがあって豊かなものだといわれ、今でもそういう風潮があるのは否めません。しかし、本当に大事なのは、どのようにアナログからデジタルに変換するか、逆にデジタルからアナログへ変換するか、ということです。現在、デジタル化されていない情報は何か、そして、それはどのような方法でデジタル化できるのか。あるいは、現在デジタルデータとして存在する

画素数の変化（日本で発売された携帯電話のカメラ）

年	画素数（単位：万）
1999	11
2000	11
2003	100-200
2004	320
2005	400
2006	500
2007	520
2008	809
2009	1000-1217
2010	1410
2011	1620
2012	1630
2013	2070
2014	2070
2015	2300

クラウド化
自社内に設置されたコンピュータで運用されていた情報システムをインターネットを通じて、処理を行う他のサービスに置き換えること。
→クラウドコンピューティング［p.70］

ハイレゾ
ハイレゾリューションオーディオの略。CD（16bit / 44.1kHz）を超える音質の音楽データの総称。

ものをどのような形でアナログな情報に変換するのか。それを考えることが、新しいコンテンツにつながっていくはずです。人間はアナログ情報しか認知することができません。そして、コンピュータはデジタルデータしか扱うことができません。その境界では、必ずAD/DA変換が行われています。

何を情報と捉えてデータ化するのか、さらには、どのようにそのデータを変換して第三者に提示するのか、それこそがマルチメディアの本質であり、すなわち、テクノロジーとデザインが、どのように関わるべきかを意味します。

インターネットとの出会い

一九九五年、Windows95*が発売され、家庭にもインターネットが一気に普及しました。インターネットを介して、ユーザーは時間や場所に関係なく、様々なコンテンツに触れることが可能になりました。本来の意味からすると、「インターネットに接続されていなければマルチメディアではない」というわけではありません。しかしながら、同時期に

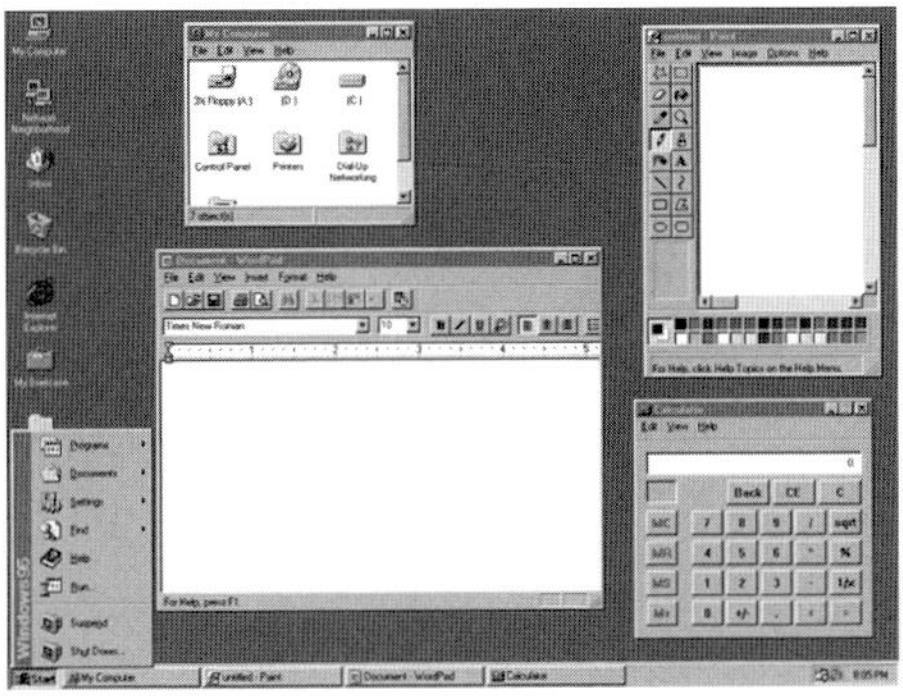

Windows95

発達したこともあり、インターネットを介したコンテンツの提供はマルチメディアにとって欠かせないものとなりました。

電子メールやウェブサイトは、マルチメディアの事例の一つとして取り上げられる場合もあります。インターネットを介して、文字だけでなく、写真や音や映像をやり取りできる電子メールやウェブサイトは、一般的なユーザーにとって、最も身近なマルチメディアであることは否めません。特に九〇年代から二〇〇〇年代初頭にかけて、Shockwave やFlash を使ったコンテンツは代表的なマルチメディアコンテンツでした。二〇〇〇年に入る頃には、電子メールやウェブサイトはごくごく当たり前のコミュニケーションツールになりました。誰もがマルチメディアを便利に使い、それゆえにマルチメディアという言葉が忘れられ始めた時代です。

インターネットによって、誕生した新しいコミュニケーションの形を見ていきましょう。メールやウェブサイト上に設置されたBBS は、従来の手紙や掲示板を模していますが、インターネットを介することで時間の概念も規模も大きく変化しました。その中でも九〇年代後半に発表され大ブームになったPostPet*は、メールクライアント*でありながら、メッセージのやり取りだけにとどまらないという意味で、新規メディアの可能性を示しました。仮想空間で生活するキャラクター（ペット）がユーザーの代わりにメールを配達するというメッセージ機能に加えて、ペットの育成ゲームの要素も含まれていました。特に、ペットが飼い主（ユーザー）とつながりのあるユーザーの（仮想空間上の）家を訪問するという機能は、これまでにはない発想でした。正確にメッセージを伝達するだけでなく、偶発的に新たなコミュニケーションを誘発するという点、さらに、ゲーム的要素を取り入れることで、コンピュータを使用してメッセージをやり取りしていることを忘れさせるような感覚を生むという点において、その後のコンテンツやサービスにも大きな影響を与えたといえるでしょう。

　時を同じくして登場したオンラインゲームや、二〇〇〇年代に入って出現してブームになったSecond Lifeは、3Dグラフィックスの充実とともに仮想空間を拡大させた流れといえます。けれども、どのようなグラフィックスであるかというよりも、その中で行われているコミュニケー

PostPet

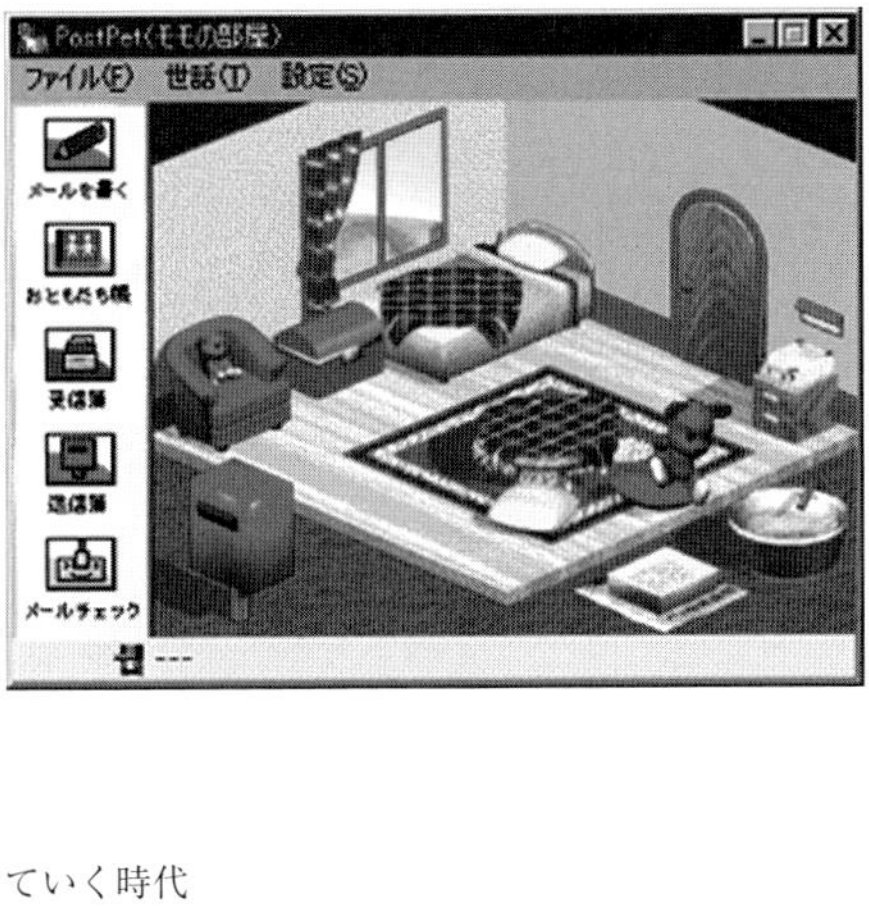

PostPet™ ©So-net

メールクライアント
メールの送受信を行うためのソフトウェア。

ションの変化のほうが重要です。仮想空間の広がりとともに、現実世界とは別のコミュニティが生まれ、別の人格が生まれ、別の生活すら生まれました。そのようなコミュニケーションが社会問題になることもありました。それは、精巧なグラフィックが持つ没入感ゆえかもしれません。ここではその良し悪しについて語ることは控えますが、少なくともこれまでにはないあたらしいコミュニケーションの形が現れた時代であることは確実です。

二〇〇〇年代中盤以降に編み出されたFacebookやTwitter、mixiなどのSNSによって、ネット上のコミュニケーションはより多様化しました。友人同士で、今の気持ちや状況をリアルタイムに共有する人もいれば、作品など、自分自身の持つコンテンツを発信する人もいます。興味のあるものをシェアすることで、同じ嗜好のユーザーとつながる人もいれば、自分の考え方を主張する人もいます。ユーザーによって、サービスとの接し方も様々ですので、単純に身近な人とつながるためのツールとして利用している人もいれば、個人から世界へ向けて発信するためのメディアとして利用している人もいます。

そのような流れの中で、精巧なグラフィックや可愛らしいキャラクターのデザインが必要とされる場合もありますが、そういう傾向は少なくなってきているようです。むしろ、ユーザーとコンテンツとの関わり方が多様化する中で、様々な可能性を吸収できるような構造のデザインや、直感的にわかりやすいインターフェイスのデザインが必要とされています。また、それ以上に、どのようにコミュニケーションをさせるか、という仕掛けづくりが重要になってきています。

例えば、そのユーザーが何に興味があるのかを解析して、表示するコンテンツの順番を変えたり、自動配信で電子メールを送り、サービスへのアクセスを促したり、過去の自分自身の投稿を表示して再投稿を促すような工夫などが行われています。グラフィックのルールを決める視覚的な問題以上に、ユーザーに合わせて自動的に何かを行うといったアルゴリズム*や、構造の問題が大きくなっています。

私たちデザイナーはこれまでのような視覚的な問題はもちろん、コンピュータのアルゴリズムに関わることも必要とされるようになりました。実際にシステムを組むのはエンジニアだとしても、コンテンツ全体

アルゴリズム
算法。問題を解くための手順のことをいう。手順通りに実行すれば問題を解くことができる。一つの問題に対して、アルゴリズムは複数存在する。コンピュータ・プログラミングはアルゴリズムの代表的なものの一つである。

をデザインする際には、仕掛けの部分、つまりアルゴリズムに踏み込んで考えられるかどうか、それが重要です。不可能と思われる仕掛けを可能にするアルゴリズム的ひらめきが、今、私たちには必要とされているのです。

デザイナーとプログラミング

九〇年代後半、日本で活躍し、マサチューセッツ工科大学メディアラボ副所長、ロードアイランド・スクール・オブ・デザイン学長を歴任した前田ジョン*氏は、いち早くコンピュータとデザインとの関わりを強く訴えた一人でした。紙の書籍と、画面上でマウスやキーボード、マイクに反応するプログラムが対になった氏の作品シリーズ「Reactive Books」は、新鮮な驚きを持って迎えられ、その後も数々の作品を発表しました。繰り返し処理を行うことに長けているコンピュータの複雑さと、これまでの歴史を踏まえた、シンプルなグラフィックが見事に融合した作風はそれまでのコンピュータ・グラフィックスとは対極にありました。まさしく、コンピュータを利用したデザインの可能性を切り拓いたと

* 前田ジョン
http://www.maedastudio.com/

いっても過言ではないでしょう。

数々のグラフィック作品やデジタル作品の中でも、特筆すべきは「Design By Numbers」（以下DBN）*です。DBNはデザイナーのための入門用のプログラミング言語であると同時に、開発用アプリケーションの名前でもあります。現在、世界中にユーザーがいる「Processing」は、彼の教え子であるケイシー・リースとベン・フライがDBNの考え方を引き継いで開発したアプリケーション（プログラミング言語）です。DBN、Processingがあったからこそ、その後、openFrameworks*（二〇〇四年）、Arduino*（二〇〇五年）などの、オープンソースの開発環境が生まれ、それによりデザイナーがプログラミングに触れるハードルが一気に下がりました。

二〇〇〇年代はウェブサイトの存在が一般的になり、特にFlashなどの技術を取り入れたリッチコンテンツが全盛の時代でした。当初は動画的な手法が多く見受けられましたが、徐々にユーザーの操作によって動的に変化するコンテンツや、何かしらのデータを読み込んでリアルタイムに変化するコンテンツが現れてきました。HTMLのコーディングや

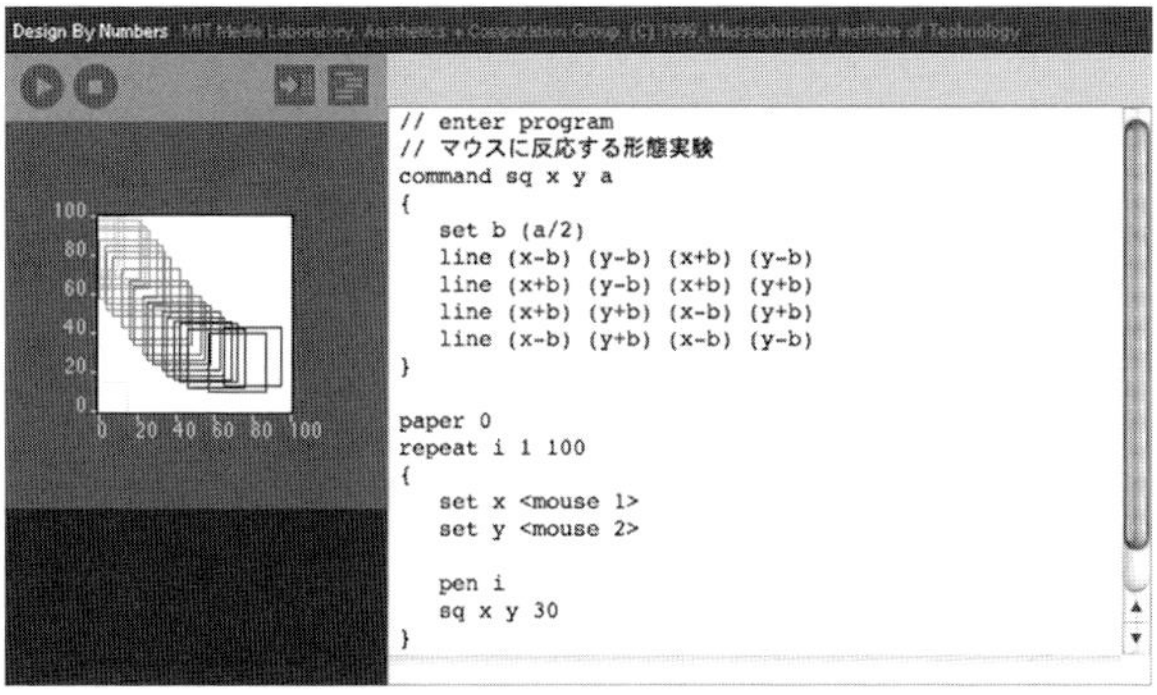

DBN

openFrameworks
二〇〇四年にザック・リーバーマン、セオドア・ワトソン、アルトロ・カストロの三人を中心とするコミュニティによって開発されたオープンソースのC++ツー

ActionScriptなどのプログラミングをデザイナーが行うことも一般的になり、エンジニアとデザイナーの境界が曖昧になってきた時期であるといえます。現在、ウェブサイトの制作はより複雑な技術を扱うようになり、デザイナーとプログラマーが分かれて作業することも多くありますが、やはり、制作をスムーズに行うためには、デザイナーがある程度の知識を持って制作に向かう必要があります。

DBNやProcessingが生まれた二〇〇〇年前後で、いわゆるマルチメディアは一つの区切りを迎えたといってよいでしょう。その先の約一〇年間は、それまでのマルチメディアをベースに様々な展開が起こった時代です。マルチメディアは言葉としては古くなってしまいましたが、すべてはこうした「マルチメディアの時代」があったからだと考えられます。

ルキット。プログラミングをともなう創作活動を支援するために、利用頻度の高いライブラリーをまとめて、より開発しやすいようにデザインされている。

Arduino
入出力ポートを備えたマイコンボードと、Arduino言語、Arduino IDEと呼ばれる開発環境から構成されるシステム。Arduinoに接続したセンサーやモータなどを比較的簡単に制御することが可能で、製品化の前に実際に動くプロトタイプを制作することができる。→IDE［p.78］

第2章　コンピュータが消えていく時代

ソーシャルメディアとは

二〇〇〇年代初頭から現在に至るこの十数年で、ソーシャルメディア*は爆発的に広まりました。様々な解釈がありますが、ソーシャルメディアとは、一般的にはブログやSNS、動画共有サイト、メッセージングアプリ*など、個人が不特定多数の第三者と情報を共有できるメディアです。そもそも、インターネットが生まれる以前からパソコン通信*があり、パソコンが普及する前にはアマチュア無線*がありました。マスメディアに対抗して、個人が不特定多数へ向けて何かを発信したり、距離の離れた相手とリアルタイムに通信を行ったり、同じ趣向の人々とコミュニティを築きたいという欲求は早くからありました。その欲求がインターネットの登場とともに、順当に進化を遂げた形がソーシャルメディアだといえます。

メールやBBS*といったインターネット黎明期から存在するサービスも、現在のソーシャルメディアと根本的な部分は変わっていませんが、共有する情報の内容、質、速度、量が大きく変化しています。ソーシャルメディアはあたらしいメディアの形であり、今やマスメディアに対し

ソーシャルメディア
インターネットにおいて、個人を主体にした情報発信や情報交換を可能にするメディアの総称。SNS（social networking service の略）、ブログ、ソーシャル・ブックマーク、口コミサイトなど。

メッセージングアプリ
スマートフォンを主流とした、テキストメッセージや音声通話、ビデオ通話などのやりとりができるアプリの総称。Facebook Messenger、LINE、WeChat、WhatsApp、KakaoTalkなどがある。

パソコン通信
インターネットが広く一般に普及する以前、専用ソフトなどを用いパソコンとホストコンピュータとの間で通信回線によりデータ通信を行い、ユーザー間でメッセージやデータのやり取りを行うもの。全盛期は一九八〇年代後半から九〇年代で、商用大手としては最後まで残っていたニフティが、二〇〇六年三月末でパソコン通信サービス「NIFTY-Serve」を終了したことで、パソコン通信は事実上の廃止となった。

て大きな影響力を持つようになりました。

ソーシャルメディアを形成しているものの一つがTwitter*やFacebook*をはじめとするSNSです。もともとSNSは実世界でつながりのあるコミュニティを、インターネット上に移して交流を行うことを目的とするものが多かったのですが、様々なサービスの出現によって、その目的も広がっていきました。

一方で、CGM*をソーシャルメディアの一部とするか、区別するか、これには両方の考え方があります。CGMとは、情報を享受する側だった消費者がコンテンツを作成し、さらに直接メディアに発信していくためのウェブサービスを指します。コンテンツの内容は映像や音楽、文章や口コミなど多岐にわたり、古くはブログから始まり、YouTube*などの動画共有サイト、口コミサイトなどもCGMと呼ばれるため、近年、ソーシャルメディアとの境界が曖昧になってきています。

その理由として、もともとCGMとして成り立っていたサービスのコミュニティ機能が強化されたり、知人同士の交流を目的としたSNSが、より不特定多数の人と写真や動画を共有することに特化してきたという

アマチュア無線
無線通信で使用する電波は、全世界で分け合って利用する必要があり、周波数帯によって用途が決められている。アマチュア無線は「金銭上の利益のためでなく、もっぱら個人的な無線技術の興味によって行う自己訓練、通信及び技術的研究の業務」のために、1.9MHz帯から249GHz帯までの間に23バンドを割り当てられている。利用するためには各国主官庁の実施する試験に合格し、無線従事者免許を取得した上で、無線局の開設を申請し、許可を受けなければならない。

BBS
Bulletin Board Systemの略。インターネット上で記事（スレッド／トピックス）を作成し、誰もが自由に閲覧、書き込みができる電子掲示板のこと。

Twitter
Twitter社のウェブサービス。一四〇字以内で短いメッセージ（ツイート／つぶやき）を投稿し、他のユーザーへ公開し交流するサービス。公開メッセージだけでなく、ユーザー間で非公開のメッセー

流れがあげられます。大まかにいうと、従来のSNSは閉じられたコミュニティであり、主にリアルな場で交流がある人を想定しているのに対して、CGMは開かれたコミュニティで、リアルの場ではつながりのない人や作品に出会うきっかけになるものといえます。

本書では、ソーシャルメディアを、これらのサービスやメディアを含めた、あたらしいメディアの形と捉えて考えていきたいと思います。つまり、ソーシャルメディアとは、テレビや新聞のような従来のマスメディアに対して、消費者（ユーザー）が発信者となったメディアです。

ソーシャルメディアのはじまり

二〇〇〇年代初頭から日本でもブログが普及しました。ブログ構築用のツールの登場や、自前でサーバを用意しなくても、自分自身のブログを公開するためのサービスの登場によって、それまでウェブサイトを持っていなかった層にも普及していきました。その後に生まれた「Twitter」が「ミニブログ」と説明されることが多かったように、「ブログ」が一般的な言葉になったのはみなさんもご存知でしょう。

ジのやり取りも可能。

Facebook

Facebook社が提供するSNSの一つ。画像や動画の投稿、イベントの告知、メッセージのやり取りなどができる。二〇〇四年の開発当初はハーバード大学の学生に限定された会員制のサービスだったが、徐々に拡大され、二〇〇六年九月から一三歳以上の誰もが利用できるようになった。日本語版は二〇〇八年に公開。

CGM

Consumer Generated Mediaの略。消費者発信型メディア。マスメディアに対して、個人がインターネットを利用して情報発信を行うことや、そのメディアを指す。口コミサイト、ブログ、SNSなどが含まれる。

YouTube

二〇〇五年にサービスを開始した動画共有サイト。現在はGoogle社が運営している。世界最大の規模で、無料で利用することができる。

もともとブログ構築ツールとして生まれたMovableTypeやWordPressが、CMS*へと進化し、現在は企業ウェブサイトの構築システムとして採用されていることは、私たちデザイナーにとっても関わりの深いことです。個人が発信する情報の価値が高まっているとはよくいわれますが、個人も企業も同じような、あるいはまったく同じシステムを利用して情報を発信しているのは象徴的なことかもしれません。

オープンソース*の時代、技術はすべての人に開かれています。ツールもサービスも安価に、あるいは無料で、なおかつ容易に利用できるようになりました。こうしたツールの登場によって、発信者と制作者の垣根は徐々に曖昧になっていき、表面的にはデザイナーもそうでない人も、それらしいものをつくれるようになりました。そのような時代の中で、デザイナーの存在意義とは何かが問われています。同時に、これまで踏み込めなかった技術者の領域にまで、デザイナーが踏み込む局面も見られます。あたらしいタイプのデザイナー、あたらしいタイプの技術者が生まれています。

また、この頃は、携帯電話（現在のフィーチャーフォン）を利用し

CMS
Contents Manegement Systemの略。ウェブサイト構築用システムの総称。HTMLなどを使用せずに、ページを作成、更新するためのツール。従来はブログ作成ツールとして広まったが、現在はブログに限らず、様々なウェブサイトを構築するために用いられる。MovableType、WordPressなどの種類がある。

オープンソース
ソフトウェアのソースコードを無償で公開し、誰もが自由に使用、改変、再配布を可能とする考え方。また、そのような考えに基づいて公開されたソフトウェアのこと。代表的なものに基本ソフト（OS）のLinuxなどがある。

て、外出先から情報を発信するという行為も徐々に一般的になってきた時期です。ソーシャルメディアのはじまりとともに、コンピュータは徐々に会社や家の外へ解放されていきました。

増大する情報の量と速度

二〇〇〇年代初頭から巨大掲示板の「2ちゃんねる*」が話題になりました。当初は一部のユーザーによるサブカル的な雰囲気がありましたが、直接閲覧や書き込みをしなくても、そこから生まれたアスキーアート*のキャラクターや「電車男*」などのコンテンツ、また、社会問題に発展した犯罪予告や個人情報流出なども含めて、社会に対して強く影響を与えたといえます。

mixiは、日本で最初に普及したSNSといってもよいでしょう。サービスが開始されたのは二〇〇四年。海外では同時にFacebookがサービスを始動していました。また、動画共有サービスの先駆けであるYouTubeは二〇〇五年に発表され、一年遅れてニコニコ動画のサービスが始まりました。現在のソーシャルメディアの基礎が二〇〇〇年中盤に

2ちゃんねる

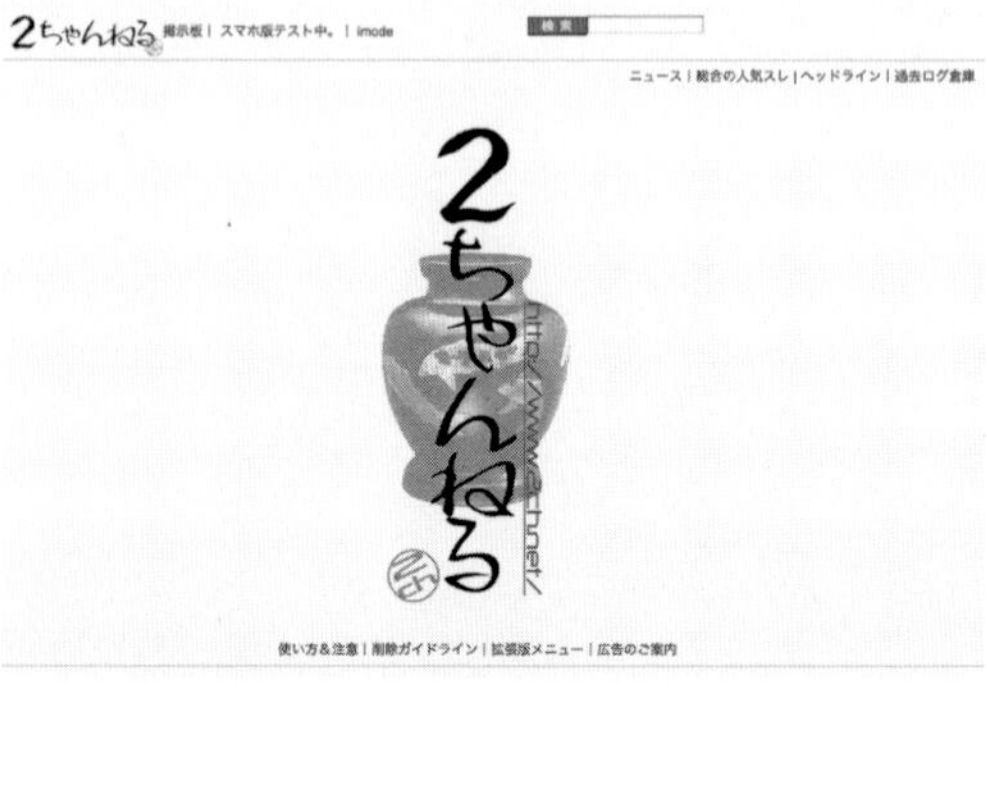

アスキーアート
キーボード上で打てる文字・記号を組み合わせて制作し、画面上で絵を表現すること。アスキー（ASCII / American Standard Code for Information Interchange）とはコンピュータにおける米国規格協会が決めた世界的に普及した文字コードのこと。

築かれたことになります。これまで情報を享受する側だったユーザーが、情報を発信する側に変わった時期です。ユーザーの増加にともなって、ソーシャルメディアはマスメディアに対抗する力を蓄えてきました。

当初は、先の2ちゃんねるの例のように、ソーシャルメディアで展開される事象が社会問題になることも多く見受けられました。その一つにファイル共有ソフト／サービスのNapster*やWinnyの問題があります。これらはP2P技術*を用いて音楽ファイルを共有するソフトです。一般的にウェブサイトを閲覧する際には、特定のサーバからデータをダウンロードしますが、P2Pの場合は個々のユーザーのコンピュータがサーバ*の役割を果たし、知らない相手とのデータのやり取りが可能になります。著作権を無視した音楽ファイルの流通が横行したため、訴訟に発展した例もあります。日本ではWinnyによる違法ファイルの流通に関して、二〇〇三年に著作権法違反で利用者が、翌年には開発者が著作権侵害行為ほう助の罪で逮捕されるケースがありました（その後、無罪判決）。ニュースでも取り上げられることが多かったため、悪いイメージ

電車男
掲示板サイト「2ちゃんねる」での書き込みを基にした恋愛ストーリー。「電車男」は投稿者のハンドルネーム。二〇〇四年に書籍化されベストセラーとなる。その後、映画、ドラマ、舞台なども制作され、一大ブームとなった。

Napster
Napster社によって、一九九九年に発表されたインターネットを通じて個人間で音楽ファイルなどの交換を行うアプリケーションソフト。二〇〇三年に同名の音楽配信サービスも開始した。

P2P技術
peer to peer技術の略。ウェブサイトの閲覧のように、特定のサーバ（コンピュータ）に、多数のコンピュータが接続してデータをダウンロードする通信方法に対して、ネットワーク上の任意のコンピュータと一対一でデータ通信を行うための技術。特定のサーバに対する負荷が軽減され、ネットワークを効率的に利用できる。

で語られがちですが、P2P技術自体はインターネットの資源を有効に活用できる技術であり、その点においては画期的なサービスでした。

　著作権侵害以外にも、個人情報の漏洩など、ソーシャルメディアをはじめとしたインターネットを通じた問題が頻繁にニュースになっています。もちろん、ソーシャルメディア以前にも音楽や映像作品の複製の問題はありましたし、公の場に個人情報が晒されるという意味ではトイレの落書きだって同じです。ただ、これまでとは情報のスピードがまったく異なるため、その被害の規模は甚大になっています。インターネットが誕生してから二〇年という短い期間に通信速度が急激に上がったことや、利用者が大幅に増加したため、リテラシーの高低に関わらず、その情報のスピードや拡散の規模がイメージできないのかもしれません。発達のスピードに対して、法整備が遅れをとってしまったこともその一因でしょう。

　そもそもインターネットは、個々のネットワークを相互に接続した中心を持たないネットワークです。共通の通信プロトコルであるTCP/IP*による通信は、個々のクライアント*の性能が上がることでインターネッ

サーバ
クライアント（ユーザー）からの要求に対してサービスを提供するコンピュータ、またはアプリケーションのこと。代表的なものにウェブコンテンツを提供するウェブサーバや、メールの送受信を提供するPOPサーバ、SMTPサーバなどがある。

TCP/IP
インターネットで標準的に用いられる通信プロトコル（通信規約）。TCP（Transmission Control Protocol）とIP（Internet Protocol）を組み合わせたもの。TCP/IPに準拠することで、OSに関係なくネットワークに参加できる。インターネットの基盤となる通信技術。

クライアント
コンピュータ用語で、サーバに対して、そのサービスを受ける側のコンピュータ、またはソフトウェアのこと。

ト全体の性能も上がっていきます。インターネット自体が誰のものでもなく、人類の共通財産であり、これはオープンソースの考え方にも通じます。決して著作権を侵害することがあってはなりませんが、共通の財産であるインターネット上の資源を有効活用していくという考え方は、今後ますます重要になってくるでしょう。

デジタルテクノロジーとデザイナー

映像の共有は昔から強く求められていました。かつては、映像の共有を主としていなかったサービスでも、現在では映像を扱うことが一般的になりました。さらに、個人によるリアルタイムの映像配信も、限られた人だけの行為ではなくなりました。ソーシャルメディアの一端を担う動画の共有は、インターネットの高速化はもちろんですが、ストリーミングという技術によって支えられています。

データ量の多い動画配信は、簡単ではありませんでした。本来はネットワーク上のデータがダウンロードされるのを待って、データ受信完了後に初めて視聴が始まります。しかし、ストリーミング技術のおかげで、データの受信と並行して視聴することが可能になったのです。
　一九九五年のインターネット元年と同時に生まれたRealPlayer*は、ストリーミングに対応したソフトウェアでした。音楽や動画をダウンロードの完了を待たずに再生できるのはもちろんですが、ストリーミングの技術を利用することで、個人や小規模なコミュニティからラジオ番組を配信できるようになったのは画期的でした。それでも当時はまだネットワークのスピードも遅く、さらにストリーミングサーバの構築など技術的ハードルもあったため、さほど一般的にはなりませんでした。現在はインフラの整備にともなって、YouTubeのような動画共有サービスや、Ustream*のような動画配信サービスなどへ発展していきました。また、Skype*やFaceTime*など、映像を同時に扱う通話サービスも特別なものではなくなりました。
　ストリーミングのように、原理としてはすでに存在していても、インフラが整っておらず、普及が進まなかったものはたくさんあります。ウェブ技術でいえば、JavaScriptなどがそれにあたるでしょう。一九九〇年代から二〇〇〇年くらいの時期はまだブラウザの仕様が定

RealPlayer
RealNetworks社が開発した、動画、音声などを再生するためのソフトウェア。二〇〇〇年代前半に人気の高かったメディアプレイヤーの一つ。

Ustream
Ustream社が運営する動画投稿、配信サービスの一つ。リアルタイム配信が可能で、個人でも動画中継が可能になる。

Skype
Skype Technologies社が開発したソフトウェアで、二〇一一年からはマイクロソフト社が運営を行っている。VoIP技術をベースにした、インターネット電話などの機能を持ったソフトウェア。動画通話のほか、テキストメッセージのやり取りや、画面共有などが可能。

FaceTime
Apple社が開発したビデオ通話ソフトウェア。iOS携帯端末やMacOSXコンピュータに標準搭載されている。

まっていなかったため、ブラウザによってサポートしている技術に差がありました。ウェブサイトを構築する言語であるHTMLもW3C*によって、ウェブ技術の標準化が進められました。JavaScriptはAjax*という形で再び脚光を浴び、現在はウェブ構築においてフロントエンド*の中心的な言語ですし、さらにバックエンド*も含め、様々な局面でJavaScriptが使用されています。

私たちデザイナーがテクノロジーと向かい合う場合、あたらしい技術を生み出すことは、決して多くはないでしょう。むしろ、既存のテクノロジーをどのように扱っていくのか、それが私たちの課題の一つです。最新の技術に目を向けることはもちろんですが、むしろ、使い古されたり、忘れ去られた技術の中に、今の時代に合った、もしくは目的に適した技術があるかもしれません。私たちはそのようなところにも、しっかりと目を向けていかなければなりません。あたらしい価値を生み出すのは、必ずしもあたらしいテクノロジーであるとは限らないのです。

W3C
World Wide Web Consortiumの略。HTMLやCSSなど、World Wide Webで使用される各種技術の標準化を推進するために設立された標準化団体、非営利団体。WEB技術開発の中心人物ティム・バーナーズ＝リーらによって設立された。

Ajax
Asynchronous JavaScript + XMLの略。非同期通信を利用してデータを取得したり、動的にウェブページの内容を書き換える技術のこと。Gmailなど、ブラウザ上でデスクトップアプリケーションを使用している時と同じような使用感を実現するために使用されている。

フロントエンド／バックエンド
ソフトウェアなどにおいて、ユーザーが直接やりとりするGUI［p.78］などをフロントエンドと呼ぶ。それに対して、ユーザーからは直接見えないデータベースなどのシステム部分をバックエンドと呼ぶ。

ろうあ者に音楽を届ける「Mute-Converter」

二〇一四年、石川県の金沢城で大規模なプロジェクションマッピングを行うイベントが開催されました。映像作家の菱川勢一氏と彼の率いるDRAWING AND MANUAL*が総合監修・演出を務めました。ここでは、プロジェクションマッピングではなく、それと並行して進められたもう一つのプロジェクトについて紹介したいと思います。

この金沢城プロジェクションマッピングの音と映像のハーモニーを耳の聞こえない人たちにも体験してもらいたい、という想いから生まれたのが「Mute-Converter」*です。

音は波（振動）です。コンサートに行くと、耳から入ってくる音だけでなく、身体全体で振動を感じることは、誰もが経験しているでしょう。この振動を増幅することで、耳の不自由な人にも音楽を体験してもらえるかもしれない、という発想からMute-Converterの開発が始まりました。DRAWING AND MANUALは音を振動として伝えるオリジナルのデバイスを開発し、石川県立ろう学校の協力を得て、実際に、ろうあ者の方に体験してもらいながら開発を進めました。振動を増幅するだけ

DRAWING AND MANUAL
http://www.drawingandmanual.jp/
https://www.facebook.com/drawingandmanual.tokyo/

Mute-Converter
http://www.drawingandmanual.jp/portfolio/fixperts-movie-making-of-mute-converter/

◀ Mute-Converter
手のひらサイズの丸いバイブレーターに伝えられた振動によって音楽を体感できる。

の単純なことだと思うかもしれませんが、実際にはすんなりとはいかなかったようです。

まず、問題になったのは、振動を身体のどの部分に伝えるか、ということでした。ろうあ者は健常者よりも敏感に振動を感じ取っているそうです。最初の試みは、背骨を通して骨伝導で背中に振動を伝える方法でした。しかし、振動が過剰に伝わり、不快と感じてしまったそうです。手のひら、腕、おしりなど、様々な身体の部位を試した結果、適度に脂肪で覆われた太ももが最適ということがわかりました。頭の中やモニタの中では完璧に設計できていると思っても、実際に体験してみると使い物にならないということも少なくありません。体験に勝るものはありません。自分自身が体験するだけでなく、対象となるユーザーに近い人に体験してもらうことで、より精度を高めることが可能になります。

Mute-Converter の最終的な課題はイコライジングだったそうです。イコライジングとは、音の周波数帯ごとに出力レベルを調整することです。

クラブやライブハウスでズンズン身体に響いてくるのは、主に周波数帯の低い音です。一般に高音よりも低音のほうが振動が伝わりやすいため、原曲そのままの出力レベルで変換してしまうと、伝わるのは低音ばかりになってしまいます。ちょうどライブハウスの外から中の音を聴いているような感じです。曲の全体像が伝わるように、最後までイコライジング調整が続けられました。与えられたデータを単純に変換するだけでは、本当に伝えたいことが伝わりません。どのように変換するか、それがまさにデザインされるべきポイントです。

最終的に Mute-Converter はひざ掛けの中に仕込まれて提供されました。身体に触れるものをどのように提供するかは、とてもシビアな問題です。裸の機械を渡されて身体にあてるのと、ひざ掛けを渡されてそれを使うのでは大きな違いがあります。特別なことをしているのではなく、あくまでも日常の延長線上で体験してもらいたいという制作者の気持ちがここに表れています。デザインは装置をつくって終わりではありません。どのように体験してもらうか、その体験自体をデザインする必要があります。

私たちデザイナーは発明家とは違います。テクノロジーをゼロから生

み出すことはほとんどありません。けれども、すでにあるテクノロジーをどのように利用するか、そして、どのように提供するかによって、あたらしい体験を生み出すことができます。テクノロジーといっても最新である必要はありません。テクノロジーの新旧に関わらず、あたらしいものを生み出す可能性を私たちは持っているのではないでしょうか?

昨今、あらゆるテクノロジーが、金銭的にも技術的にも使いやすくなりました。これまで専門家にしかできなかったようなプロトタイプを安価に手軽につくることができるようになったのです。モニタの中や紙の上で試行錯誤するだけでなく、実際に動くモデルをつくって、トライアンドエラーを繰り返すことで、新たな体験を生み出す可能性が広がっていきます。

デジタルをアナログに変換するコミュニケーションデバイス「POSTIE」

インターネット上のコミュニケーションの形はメールやブログ、電子掲示板、チャットなど、文字や画像を主としたものから始まり、Skype、Google Hangouts などの無料通話サービスにおける映像の共有など、よりリアルタイムにリッチなコンテンツに進化しています。次に紹介するPOSTIE*はそのようなインターネット上のコミュニケーションに対する新たな提案です。

POSTIE はウェブ制作プロダクション「HAKUHODO i-studio」の有志によるクリエイティブラボラトリー「HACKist」*が提案するスマートフォンアプリケーションと連動したコミュニケーションデバイスです。POSTIE ができることはとてもシンプルです。メッセージを送ることと、受信すること。POSTIE はスマートフォン用アプリと専用のデバイスを組み合わせて使用します。専用のデバイスに設置されたスマートフォンがメッセージを受信すると、受信したメッセージが紙に出力されます。つまり、デジタルによるメッセージのやり取りをアナログに変換する装置です。

メッセージの送信もスマートフォンから行われます、送ることができるメッセージの量はメールに比べてずっと少ないのですが、手書きの文字やイラストを送ることができます。一見すると、POSTIE を介したコミュニケーションは回りくどくて、これを使う人や時間はごくごく限

*POSTIE
http://postie.tokyo/jp/

*HACKist
http://hackist.jp/

られているかもしれません。けれども、このようなコミュニケーションの多様化が実に現代らしいと思います。すでに私たちは複数のSNSやコミュニケーションツールを使い分けています。仕事ではメールやFacebookを使い、仲の良い友達とはショートメールやLINEでやり取りをすることは当たり前の行為です。ともすると、同じ人に対して、メッセージの内容でサービスを使い分けることもあるのではないでしょうか？　このようにコミュニケーションが多様化する中でPOSTIEのような提案ができるのは私たちデザイナーです。

これまでいかに速く、いかに簡単にコミュニケーションすることができるか、という進化の方向と比べると、プリントするためのデバイスが必要であったり、プリントするまでの時間がかかるPOSTIEはその流れに逆行しています。けれども、デバイスにスマートフォンを設置して、プリントが少しずつ、つまり、メッセージが少しずつ現れてくる時間こそが、とてもハートフルにデザインされた体験になるのです。それはデバイスとアプリの形やグラフィックにも現れています。ユーモラスで可愛らしいPOSTIEの様子は、高性能なロボットのように、動いたり、

▼POSTIE
プリントしたメッセージを壁に貼ることで、メッセージのやり取りが形に残る。二〇一五年三月発表。二〇一六年三月よりクラウドファンディングにて販売開始予定。

もうすぐ
かえるよ!
パパ
こんどの
お休み
どこ行く?
ママ
かぜ
ひいてない?
パパ

喋ったり、掃除をしたりすることはありませんが、家族が一人増えたように感じられるかもしれません。

POSTIE のデバイスはレシート式プリンターを組み合わせて制作されています。この例もまた最新のテクノロジーを利用しているわけではありません。けれども、従来のテクノロジーを組み合わせて、最小限にデザインされています。そして、ここには確かに、あたらしいコミュニケーションの形と体験がデザインされています。

第3章　存在感なきコンピュータの時代

手のひらの中のコンピュータ

二〇一五年現在、日本における携帯電話・PHSの契約数*は一億五二八九万四六〇〇台です。日本の人口*が一億二六九五万八〇〇〇人ですから、単純に一人一台以上の携帯電話やスマートフォンを保有している計算になります。スマートフォンやタブレットの中身は一般的なコンピュータと同じです。つまり、一人が一台以上のコンピュータを保有していることになります。誰もがいつでもコンピュータを使える環境が、いつの間にかやってきたのです。

初代iPhoneが発表されたのが二〇〇七年。それを契機にスマートフォンの普及が進みました。それまでコンピュータを扱うということは、コンピュータの前に座って、電源を入れて、まさにコンピュータと向き合う行為でした。けれども、スマートフォンを扱う行為はまったく感覚が異なります。いつでも、どこでも、瞬時に取り出して、目的のアプリケーションを使ったり、サービスに触れることができます。おそらく、スマートフォンを扱っている時に、コンピュータに向き合って操作しているという感覚を持つ人は少ないでしょう。二〇〇〇年代末から現在に

携帯電話・PHS契約数
二〇一五年九月、一般社団法人電気通信事業者協会。
http://www.tca.or.jp/database/

日本の人口
二〇一五年七月確定値、総務省統計局調べ。
http://www.stat.go.jp/data/jinsui/new.htm

続くスマートフォンの時代は、コンピュータの存在が消えていった時代であるといえます。コンピュータが生活の中に溶け込み、知らないうちにコンピュータを利用している。手のひらの中の小さなコンピュータを通じて、膨大な量のデータが刻一刻と生成されている時代なのです。

スマートフォンはSNSとの親和性が高く、スマートフォンの普及とともにSNSの利用者も広がりました。特に、親和性が高かったのはカメラ機能です。mixiのように、SNS黎明期には、主にパソコンから発信していたため、パソコンへ写真データを取り込む工程が必要不可欠でした。写真を撮って、そのままSNSへアップロードするという手軽さが、SNSのデータ量の増大につながりました。* メッセージやリプライ*をもらった時のSNSからの通知も、肌身離さず持っているスマートフォンにはリアルタイムに届きます。情報の速度がスマートフォンの登場によって一層向上しました。

スマートフォンにはカメラだけでなく、GPS、加速度センサー、距離センサー、温度センサー、照度センサーなど、様々な機能が内蔵されています。特にGPSは地図アプリだけでなく、SNSで大いに活用さ

我が国のブロードバンド契約者数の総ダウンロードトラヒックの推移（総務省 http://www.soumu.go.jp/johotsusintokei/whitepaper/ja/h26/html/nc255320.html）

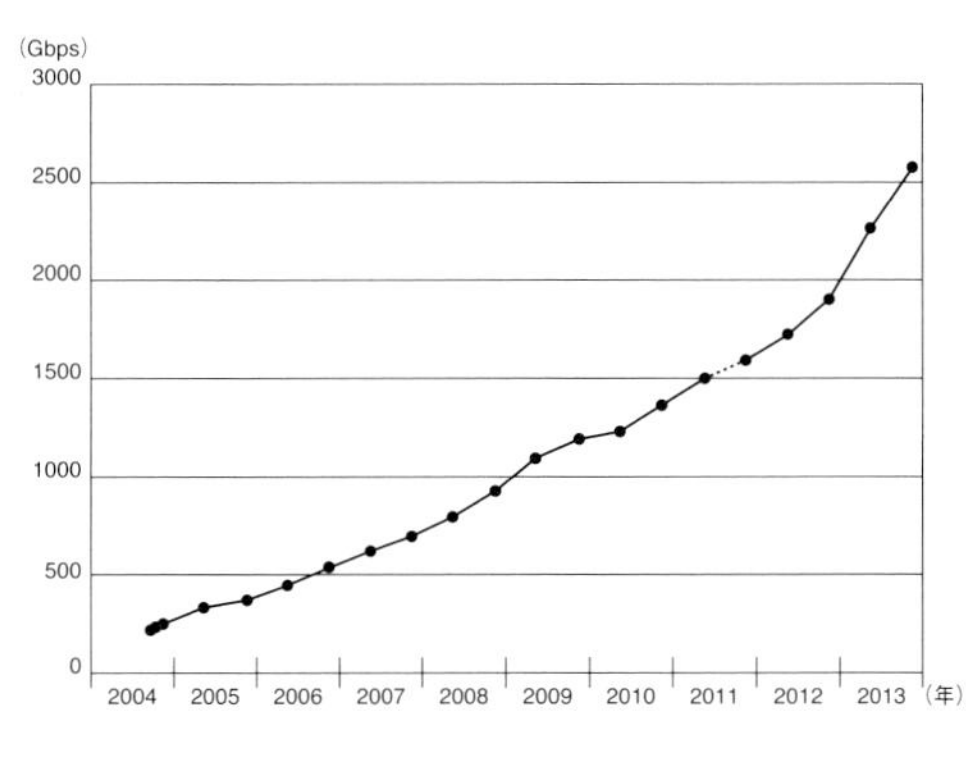

リプライ
電子メールや電子掲示板、SNSなどにおいて自分宛てのメッセージに対して返信すること。Twitterでは、宛先を指定して送るメッセージのことを指す。

れています。メッセージを発信する時に、位置情報を付加して、自分がどこにいるかを伝えるだけでなく、位置情報を中心に扱うSNSすら登場しました。特定の場所に「チェックイン」することを目的としたFoursquare*がその代表といえますが、近くにいる知らない人と会話をしたり、写真を共有したりするSNSも登場しました。位置情報を使って、知らない人とでもつながってしまうため、プライバシーの問題もあり、結果的には位置情報系のSNSは一時の盛り上がりほどではなくなりましたが、一般的なSNSのほとんどがGPSの位置情報と連携しているといってよいでしょう。

また、GPSはSNS以外の様々なサービスで利用されています。例えば、自分がいる場所から近い施設を探したり、簡単にタクシーやハイヤーを呼ぶサービス。あるいは、逆にパソコンから自分のスマートフォンの場所を特定したり、子どもにスマートフォンを持たせて、居場所を確認することも可能です。自分のいる場所が緯度経度の数値で特定できるため、マッチングの可能性が広がりました。

このようなサービスは、SNSのようにユーザーによる積極的なメッ

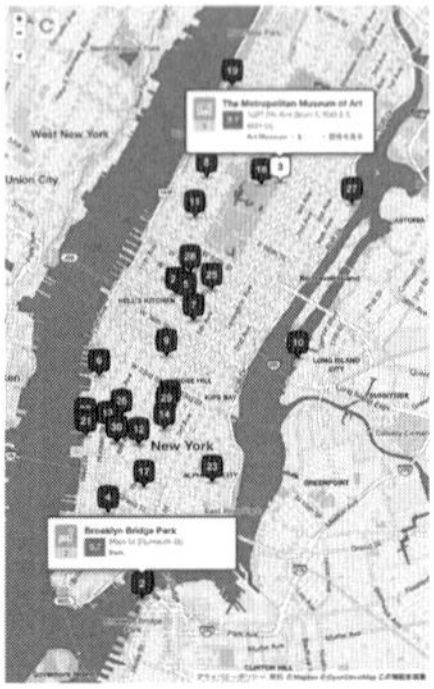

Foursquare

セージの発信とは異なります。サービス提供者が、ユーザーがその瞬間に求めていることに対して、最適な情報を提供するサービスです。そのためには、ユーザーが今どのような状態にあって、何を求めているのかをデータから判断するか、うまく導き出すことが必要です。ユーザーがコンピュータを操作していると感じさせずに、コンピュータが人の行為を察知することが求められています。すぐれたインターフェイスのデザインはもちろんですが、それ以上に、データの取得から解析といった仕組みのデザインが必要です。ユーザーからどのようなデータを取得し、そのデータをどのように活用すれば、人とコンピュータとのあたらしい接し方がデザインできるのか。それがこれからのデザイナーに求められるのではないでしょうか。

津波防災ウェブサービス「ココクル？」

スマートフォンの機能と既存のデータを活用した例として、私も開発に携わった神戸市の津波防災ウェブサービス「ココクル？」*があります。このウェブサービスは国の南海トラフ巨大地震による津波浸水想定

* ココクル？
http://kokokuru.jp/

を踏まえ、兵庫県が独自に実施したシミュレーション結果のデータと、GPSによるユーザーの位置情報をマッチングして、現在位置の危険度を示すものです。

緊急時での活用よりも、むしろ平常時の災害への心構えを啓発する目的で開発されています。ユーザーは特別な操作をする必要がありません。アクセスするだけでその場所の危険度がわかるため、自宅や会社、学校など、普段の生活の拠点がどれくらい危険なのかをあらかじめ知ることができ、同時に災害に対する危機感を感じてもらうことができます。防災に対するより詳しいコンテンツも用意してありますが、通常のウェブサイトとは違って、基本的にはアクセスするだけで目的が達成されるのが、このサービスの特徴的なところです。

まだプロトタイプの段階ですが、このサービスを発展させた「ココクル？」というサービスも開発しました。こちらは「ココクル？ZOO」の仕組みにAR*機能の付加によって、スマートフォンのカメラを通した実際の映像に、動物たちのアニメーションを表示させました。動物たちは現在位置から安全な場所までユーザーを誘導してくれます。子ども

AR
Augmented Realityの略。拡張現実。現実の風景にコンピュータからの情報を付加する技術。通常はヘッドマウントディスプレイなどを使う。スマートフォンのカメラを利用したものも多い。

◀ココクル？
上：現在地の津波浸水深をピクトグラムと色で確認できる。ハザードマップを開くと、近隣の浸水深も確認することができる。

◀ココクル？ZOO
下：カメラの映像にリアルタイムに動物たちが合成され、避難所の方向を確認することができる。

SoftBank
3:17
神戸市津波防災ウェブサービス
ココクル?
MENU
現在地（東灘区魚崎南町1丁目2－1付近）の
南海トラフ巨大地震発生の際に
想定される最大の津波浸水深
1.0m~2.0m
東灘区の最短到達時間は110分です。
落ち着いて山側に避難してください。
神戸市津波ハザードマップ
このサービスについて
神戸を安全に楽しむ「もしも5」
SoftBank
3:17
神戸市津波防災ウェブサービス
ココクル?
MENU
Google
地図データ
100 m
利用規約
5.0m-
4.0-5.0m
3.0-4.0m
2.0-3.0m
1.0-2.0m
0.3-1.0m
0.0-0.3m
0.0m

たちが動物を追いかけることで、楽しく避難経路を確認できるのです。「ココクル？」も「ココクル？ ZOO」も特別な操作は必要ありません。スマートフォンのGPSやジャイロセンサーの利用により、アクセスするだけで活用できるウェブサービスを実現しています。

ケーブルからの解放

スマートフォンには電話回線のほかに、Wi-Fi*やBluetooth*など、各種の無線機器が内蔵されています。無線技術は古くから研究開発されていますが、近年最もなじみの深いものの一つがWi-Fiです。ケーブルを使わずにインターネットに接続するために、様々な規格が開発されましたが、Wi-Fiはその一種であり、無線LANそのものを表すこともあります。

Apple社が家庭用の無線LANベース「AirMac（AirPort）」*を発表したのが一九九九年。それを契機に無線LANの普及が始まりました。その頃は同時にノート型のPCが普及してきた時代でもあります。決まった場所でパソコンに向き合うのではなく、どこにいてもインターネットへ

Wi-Fi
無線LANの規格の一つ。無線LAN機器が標準規格であるIEEE 802.11シリーズに準拠していることを示すブランド名。また、無線LAN自体のこと。

Bluetooth
スマートフォンやコンピュータなどで数メートル程度の機器間接続に使われる短距離無線通信技術の一つ。ケーブルを使わずに接続し、音声やデータをやり取りすることができる。

の接続が可能になりました。

Wi-Fiはその後、パソコンをはじめとして、携帯ゲーム機、スマートフォン、家電などの機器に導入されました。一方、無料でWi-Fiを解放する施設も増えています。今やインターネットは無線での接続が当たり前の時代になっており、無意識のうちにインターネットにつながる生活が実現しています。

いつでもインターネットにつながることは、単純に、好きな時にウェブサイトを閲覧できるだけではありません。インターネットを利用したあらゆるサービスの利用が可能になることを意味しています。携帯用ゲーム機を例にあげましょう。二〇〇九年に発売されたニンテンドー3DS用のゲームソフト「ドラゴンクエストIX星空の守り人」は「すれちがい通信*」という機能を採用して、大ブームになりました。Wi-Fi機能を利用して、同じソフトの利用者とすれ違うことでアイテムの交換などが可能になりました。ゲーム機は、ハードウェアが小型化し、持ち運びができるようになり、電車の中など場所を選ばずに遊べるようになりましたが、あくまで、画面に向かい合って楽しむものでした。しかし、

AirMac（AirPort）

すれちがい通信
ニンテンドー3DSなどの携帯ゲーム機を持った人同士がすれ違った時に起こる無線通信のこと。ゲームに関連するデータを自動的に送受信する機能・サービスである。ニンテンドーDS用のゲームソフト「nintendogs」で初めて採用された。

すれちがい通信では、ゲーム機を持って特定の場所に行く、あるいはただ街中を歩くことが、ゲームの楽しみ方に新たに加わりました。Wi-Fi機能を利用して、ゲームの世界と実際の行動を結びつける試みは、その後のオンラインゲームIngress*などにつながっていきます。

Wi-Fiをはじめとした無線機器によって、あらゆるものがケーブルから解放されました。Bluetoothによって、マウスやスピーカーからはケーブルが消え、RFID*によって、Suicaは読み取り機にタッチするだけ（正確には近づけるだけ）でお金のやり取りすら可能になりました。ケーブルからの解放は、同時にデザインが多くの制約から解放されたことを意味します。

しかし、今まで机の上に固定されていたPCや携帯ゲーム機、あるいはスマートフォンやタブレットなどのデバイスが、どのような状況で使われているのかを特定できなくなりました。そのため、ユーザーの様々なシチュエーションを想定してデザインしなければなりません。これまでにも増してユーザーの行動をリサーチする必要が出てきました。いや、むしろ、ユーザーの行為をどのようにデザインするのか、そういっ

Ingress
Googleの社内スタートアップで、その後独立したNiantic Labsが開発、運営する、位置情報に基づいた多人数参加型モバイルオンラインゲーム。Android、iOS向けアプリ。実際の地図（Google Maps）を使い、二つに分かれた陣営で陣取り合戦を行う。

RFID
近距離の無線通信を使って、ICが埋め込まれたカードから情報を読み書きするための非接触型の技術全般。

た問題に直面しているのかもしれません。

データはどこからくるのか

IoT*、ユビキタスコンピューティング*、ウェアラブルコンピュータ*といった言葉を耳にしたことがあるかと思います。これらはそれぞれ細かな意味は違いますが、大まかには身の回りのものがインターネットにつながったり、コンピュータ化されることを意味しています。電化製品がインターネットにつながると何が起こるのか？ 電子レンジや冷蔵庫がインターネットにつながることであたらしい料理のレシピがダウンロードできるとか、車がインターネットにつながることでカーナビの精度が上がる、という例がよく出されているでしょう。

インターネットへの接続は、自分にとって必要なデータをダウンロードするだけでなく、ほかの誰かにとって必要なデータをアップロードする行為でもあります。ほかの誰かとは、巡り巡って自分自身かもしれませんし、顔も知らない他人かもしれません。例えば、自宅の冷蔵庫がインターネットにつながった場合、中に何が入っているかを外出先から確

IoT
Internet of Things の略。「モノのインターネット」といわれる。コンピュータやスマートフォンなどの情報機器だけではない、様々な物をインターネットに接続することで、自動認識や自動制御、遠隔計測などを行うこと。

ユビキタスコンピューティング
一九八九年にゼロックス社のパロアルト研究所が提唱した概念。社会のいたるところにコンピュータが存在し、コンピュータの存在を意識することなく、あらゆる情報を活用できる環境のことを指す。

ウェアラブルコンピュータ
衣服などに取りつけられ、身体に装着して利用することが想定されたコンピュータの総称。▼Apple Watch

認できます。これは自分自身にとって必要なデータです。一方で、車がインターネットに接続された場合、どの道をどれくらいの時間で通り抜けたか、そのデータによって、各地の渋滞状況を把握できます。これは自分自身に必要なデータであると同時に、自分以外の誰かにとっても必要なデータです。このようにして集められたデータは「ビッグデータ」と呼ばれますが、近年、インターネット上にあるデータ量が爆発的に増えたことで注目されています。

その発端が先に触れたTwitterやFacebookなどのSNSの隆盛です。スマートフォンの普及によって、いつでもどこでもインターネット上にメッセージや写真をアップロードすることが当たり前になり、利用者の増加にともなって、データ量が飛躍的に増大しました。この肥大化したデータ群の中には、これまで研究者やリサーチ会社が欲しくても手に入らないような質と量のデータがあり、人工知能のように、それまで停滞していた研究の分野にも光明が見えてきました。

ソフトバンクが発表したロボット「Pepper」*は、販売店あるいは個人宅などで、人間と交わされた会話が、サーバにアップロードされて解析

Pepper

されます。そこには一台のロボットと一人の人間の関係性ではありえないくらい大量な解析データが刻々と集まっています。そこで解析されたデータがそれぞれのロボットにフィードバックされることで、ロボットはどんどん賢くなっていきます。インターネットの高速化、そして、データを保持するためのサーバの肥大化によって、ロボットや人工知能の分野は急速に発展しています。

ここで考えたいのは、データの入力です。これまでのコンピュータはキーボードを使ってデータを入力する、あるいはプログラムすることが当たり前でした。つまり、自分自身の意思をもって、コンピュータに向かい合っていました。けれども、Twitter のように友達に向けて、あるいは世界中の人に向けて、メッセージを発信するのは、文字通り「つぶやく」行為であり、コンピュータに対する入力作業とは少し趣が違います。けれども、結果的にどこかのデータベースの中へ「入力する」作業にほかならないのです。Pepper の例も、「話す」という行為がデータベースへの入力につながっています。Twitter の場合は、少なくともスマホに対しての入力作業がありますが、Pepper と接する際に、人はコンピュータを扱っているという意識すらないのではないでしょうか。

オンライン通販のAmazonで本や雑貨などを購入した経験がある人は少なくないと思います。Amazonをはじめとして、様々なウェブサービスでは「オススメの◯◯」が表示されます。それまでの購入履歴や閲覧履歴をもとに自動的に表示されるサービスですが、これは「買う」あるいは「選ぶ」という行為が、データベースへの入力になっていると考えることができます。買えば買うほど、あるいは選んでいるだけでも、どんどん自分自身の趣味趣向に近いものが提示されるようになってきます。データベースへの入力が多いほど、つまりデータの量が多いほど、コンピュータは的確な判断をするようになります。コンピュータが自分自身よりも、自分の嗜好をわかってくれる存在になる可能性もあります。

インターネット上には、このような「足跡」が数多く存在します。その足跡は人間の行為の結果であり、足跡をたどれば、その人が何をしようとしているのかを推測できます。それを怖いとか気持ち悪いと感じるかもしれません。事実、使い方を誤れば危険です。けれども、これがインターネットから生まれた財産なのです。この財産を良いことに使うか、悪いことに使うかは、私たちの良心にかかっています。より豊かな社会のために、この財産を大切に扱っていかねばなりません。

IoTのように、様々なものがインターネットにつながった時に、どのような足跡が生まれてくるのか、その解析がこれからの社会を考える鍵になってきます。PepperやAmazonの例も含めて、どのようにデータを取得し、データベースにインプットするかをデザインすることにより、これまで不可能だったことが可能になるでしょう。人工知能やディープラーニング*といったコンピュータ学習の分野では、私たち人間の思考を超えたアイデアが生み出されるかもしれません。

また、昨今、オープンデータ*の考え方に基づいて、政府や自治体が様々なデータを公開しています。これまでは限られた人だけが利用できたデータをすべての人が使える時代になりました。この流れは拡大し続けるでしょう。インプットのデザイン、そして公開された多くのデータの活用方法をデザインすることが、今後ますます重要になってきます。

ディープラーニング
多層構造のニューラルネットワーク（人間の脳神経回路が持つ仕組みを模した情報処理システム）を用いた機械学習のこと。従来の機械学習の手法と比べて高い精度を出すため、注目を集めている。

オープンデータ
行政機関や、企業が持つデータを、著作権や特許などの制約をかけずに、誰もが自由に利用できる形で、ウェブサイトなどで公開する取り組み。広くオープンデータを活用することで新しい行政サービスやビジネスが期待される。

動的にデータを視覚化する「人口減少×デザイン」

『人口減少×デザイン―地域と日本の大問題を、データとデザイン思考で考える。』は、二〇一五年に発売された筧《かけい》裕介《ゆうすけ》氏の著書（英治出版）です。日本の市区町村が発表している人口や出生率、生存率、移動率等の人口に関するデータを基に、各自治体の人口減少の推移をシミュレーションし、その上で、どのような対策が可能かを検証していく内容です。

私も制作に加わったこの書籍の特設サイト「人口減少×デザイン」*では、四七都道府県および一六八二の市区町村の実際のデータから、二〇六〇年までの人口の推移とともに、「合計特殊出生率の向上」「転入者数の増加」「転出者数の削減」の三つの対策により、どれくらい人口減少を抑えられるかをシミュレーションすることができます。

自治体が公開しているデータは数多くありますが、数字だけ眺めていても、そこから見えてくるものは多くはありません。また、従来のグラフ表現だけでは十分とはいえません。データを柔軟に扱うことで、新たな問題を浮き彫りにしたり、あたらしい価値を見出せるでしょう。ま

*人口減少×デザイン
http://issueplusdesign.jp/jinkogen/

◀人口減少×デザイン
各自治体の人口推移を視覚的に確認でき、さらに対策の数値を操作することで具体的な施策の指標となる。

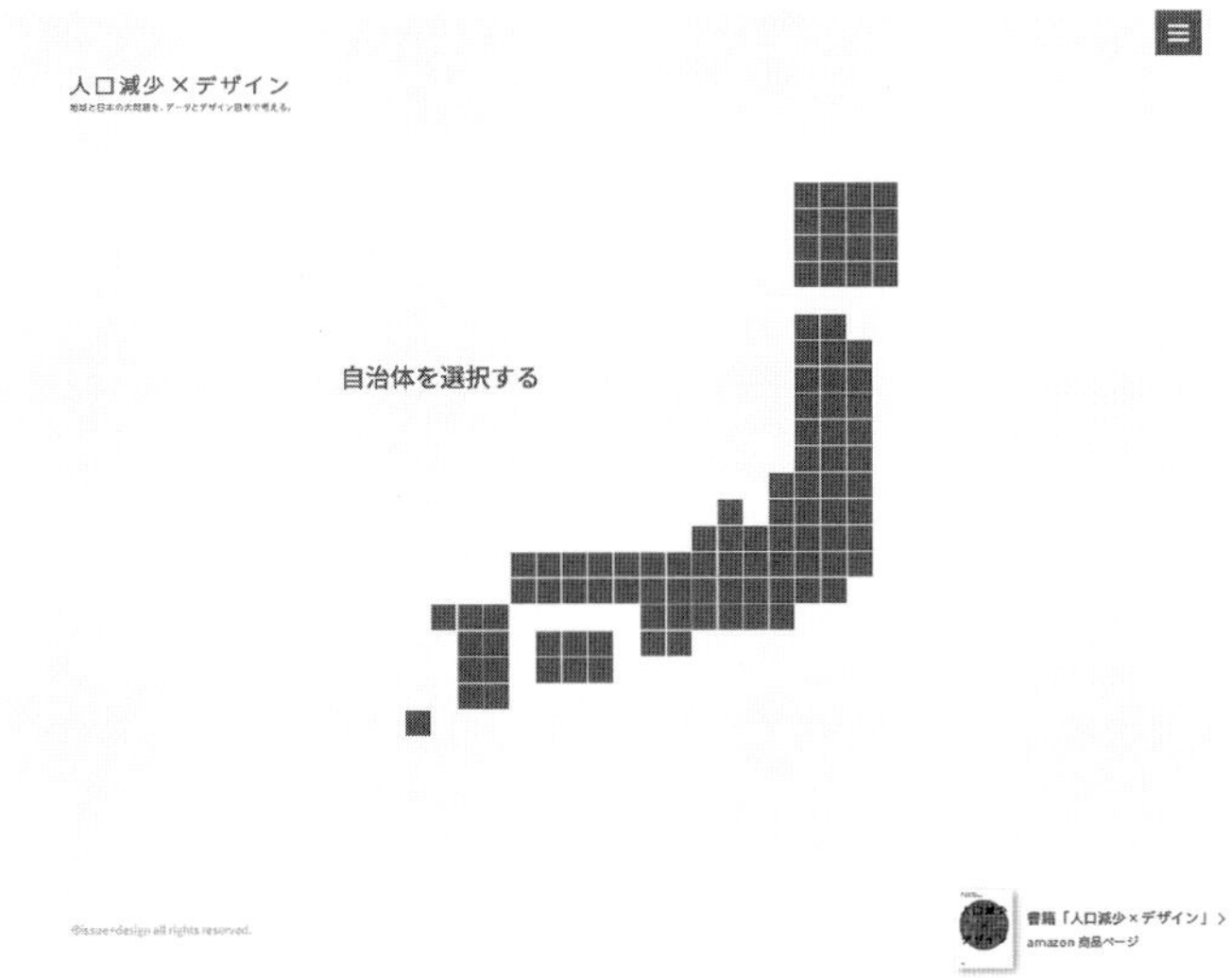
人口減少×デザイン
自治体を選択する
書籍「人口減少×デザイン」
amazon 商品ページ

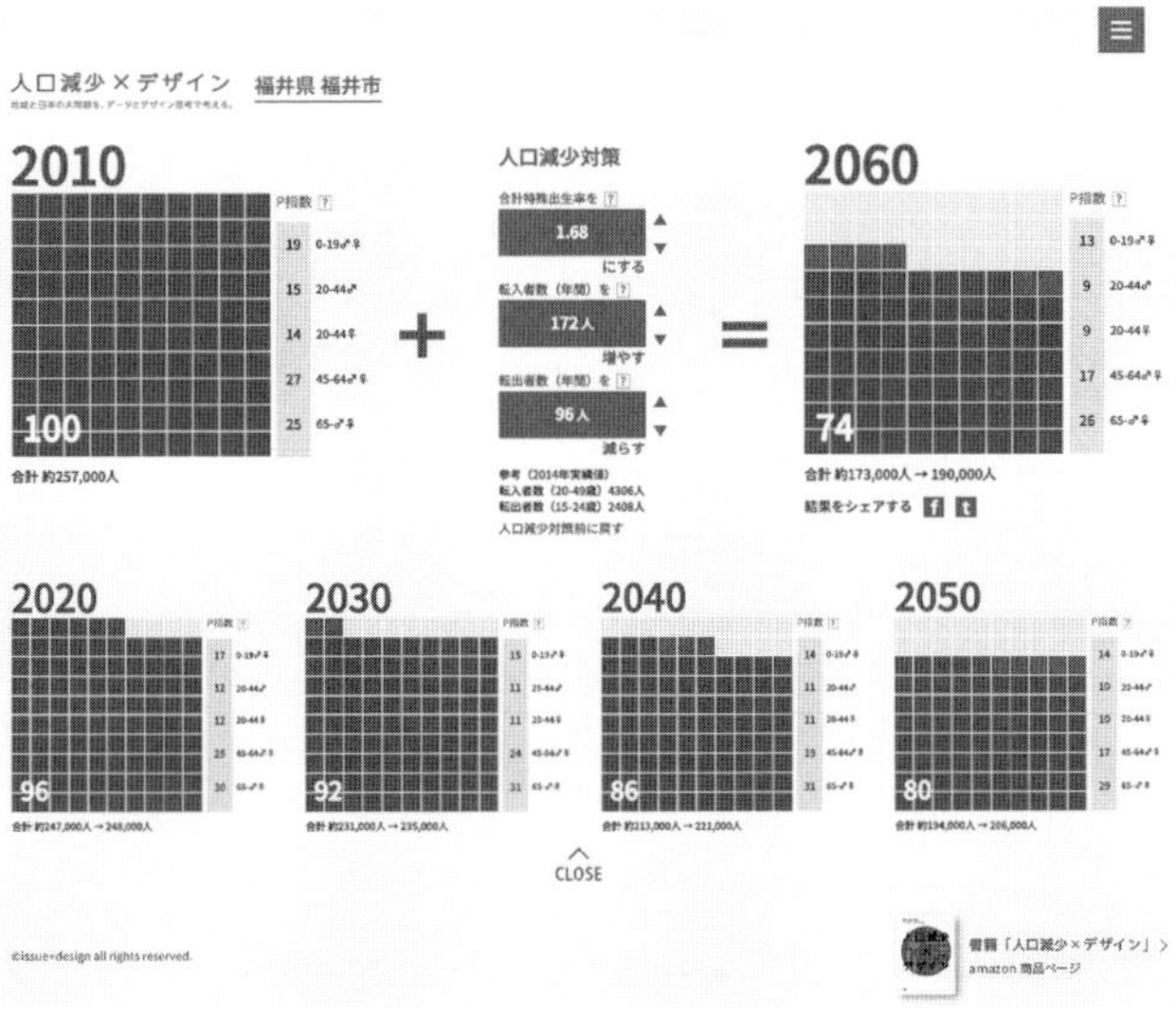
人口減少×デザイン
福井県 福井市
2010
100
合計 約257,000人
人口減少対策
1.68
にする
172人
増やす
96人
減らす
2060
74
合計 約173,000人 → 190,000人
結果をシェアする
2020
96
2030
92
2040
86
2050
80
CLOSE
書籍「人口減少×デザイン」
amazon 商品ページ

た、仕組みさえできていれば、あたらしいデータが発表されても、データを差し替えるだけで、現状に即したシミュレーション結果を導き出すことができます。

古くからの情報表現の手法に「ダイアグラム」があります。数多くの秀作がありますが、一度定着されてしまえば、情報としては古くなる一方です。データは毎年、あるいは毎日、毎秒更新されていく場合もあります。二次元に定着された情報の美しさは色褪せることはありませんが、現在、そして未来を見つめるためには、変わり続けるデータに対する表現手段の開発が求められます。

多様な状態変化と構造のデザイン

UX（ユーザーエクスペリエンス）あるいは人間中心設計という考え方があります。それぞれ、コンテンツと接したり、プロダクトと接する際に、ユーザーがどのような体験をするのかに着目した考え方です。確かに重要な概念ですが、そもそもデザインの中には、そのような考え方は内包されていたはずです。デザインされたものやことには、必ず対象者、つまり見たり触れたりする人がいます。その人にどのようにメッセージを伝えるか（体験をさせるか）、それこそがまさにデザインであり、そうした問題に真摯に向き合うことによって優れたグラフィックやプロダクトが生まれるのではないでしょうか。

UXや人間中心設計は、ある日突然生まれた概念ではなく、より深く、あるいは効率的にシステムやプロダクトを開発するために体系的にまとめられた方法論の一つです。あたらしいメディアには今までにはない可能性があり、それだけにデザイナーに求められることも増しています。そのような状況の中でUXのような方法論の確立が必要だったに違いありません。

では、デザイナーに求められることがどのように広がってきたのでしょうか。工業製品の「状態変化」から考えてみましょう。例えば、掃除機ならば、使用中と収納時では、その状態が異なります。冷蔵庫ならば、扉が開いたり閉まったりという状態の変化があります。一方、グラフィックでは、書籍のように開いたり閉じたりするものもありますし、ポスターはどこに掲示されるのかによって、光の状況などが変化します。機能や環境によって状態は変化します。デザイナーはその変化を踏まえてデザインしていきます。

　マルチメディア時代を経て、この状態の変化はさらに多様になりました。工業製品の場合はコンピュータの組み込みによって、様々な「モード」が加わりました。炊飯器は単純に炊飯するだけでなく、「どのように」炊くのか、あるいは「何を」炊くのかによって、見た目が変わらなくても、中の状態は変化します。その変化を示すために液晶画面がつけられています。また、街に貼られていたポスターは徐々にデジタルサイネージへと変わっています。一つの画面の中に複数の広告が時間によって切り替えられたり、時間軸を持った、つまり映像そのものがポスターになっている場合もあります。近くにある複数のサイネージが連動して動く場合もあります。どこに貼られるかという条件に加えて時間の概念が加わりました。

　ウェブサイトなど、画面の中のデザインはより顕著で、黎明期はそれまでのグラフィックデザインの手法を基に、紙媒体のデザインの踏襲が多く見られましたが、徐々にウェブメディアの特性を生かしたものが増

レスポンシブデザイン（武蔵野美術大学二〇一五年度）

えてきました。ユーザーのアクションにともなって動的に変化するコンテンツや、フォーマットを基に動的にコンテンツを生成する仕組みもあります。スマートデバイスの多様化によって、デバイスに合わせて表示形式を変えるレスポンシブデザイン*も一般的になりました。デザイナーには多様な状態変化を想定したダイナミックなアウトプットが要求され、これまで以上にフレキシブルな構造のデザインが求められています。いわば、CI計画*のようにブランドロゴを様々な状況を想定してレギュレーションを決めていくような作業が、一つの製品やコンテンツの中に求められているのです。

また、機能や状態の多様化によって、ナビゲーションの方法も工夫されています。表記の仕方の工夫やピクトグラムの効果的な使用だけでなく、動きによるナビゲーションも日常的に見られます。例えば、ウェブサイトを閲覧する場合、ユーザーが今、何をするべきか、すなわちクリックするのか、スクロールするのかを示す必要があります。賑やかしのための余計な動きもありますが、これまでよりも複雑な構造を持つコンテンツをスムーズに扱ってもらうためには、公共サインのような静的

CI計画（武蔵野美術大学八〇周年事業）

なナビゲーションだけでなく、時間軸もうまく活用してナビゲーションしていく必要があります。

一方でコンピュータが処理を行っている時間や、データ通信時の待ち時間、つまりローディングの時間を長いと感じさせないために、今、何が行われているかを視覚的に示す必要があります。いわば、お店での接客のようなものです。お客さんがお店に来れば、店員は即座に「いらっしゃいませ」とあいさつし、商品を提供するまでに時間がかかる場合は「少々お待ちください」と断りを入れます。その間、言葉だけでなく細かい表情や仕草、目線によって、お店側とお客さんの間に信頼関係が生まれます。楽しませたり喜ばせたりする以前に、どのようなナビゲーションでお客さん（ユーザー）との間に信頼関係を築くのかがデザイナーにも求められています。そのような場合にも動きによるナビゲーションは有効に活用されています。

コンピュータの見えない化

先に触れたデバイスの多様化や、IoT などは、クラウドコンピューティング技術と深い関係があります。クラウドコンピューティングとは、従来のソフトウェアやハードウェア、データなどの資源を、ローカル環境*ではなく、インターネットを通じて提供するサービスの総称です。一口にクラウドといっても、AWS*のように、物理的なサーバを仮想化する技術、Gmail*、Evernote*、Dropbox*のように異なるデバイス間で同じデータを共有するものなど、種類は多岐にわたります。サーバ、ストレージ*、データベース、アプリケーションなど、必要なものすべてがパッケージで用意されているのが一般的で、ユーザーは最低限のインターネット接続環境さえあれば、すぐに使用でき、さらにソフトウェアのバージョンアップやサーバの管理などから解放されます。

クラウドコンピューティングの利点は、サーバストレージなどの共有によって資源の有効活用が可能になるとともに、ユーザーにとってはこれまでよりも自由な運用が可能になります。また、それらの資源はかつては物理的に身近にあったものです。それらがインターネット上の見えないところに設置され、身の回りからは少しずつコンピュータの周辺にあったものがなくなってきました。データの保存や処理機能がクラウド

ローカル環境
ネットワークに接続されていない状態でも操作可能なコンピュータ環境のこと。

AWS
Amazon Web Servicesの略。Amazon.com社が提供する仮想サーバなど、インフラ系クラウドサービスの総称。

Gmail
Google社が提供するフリーメールサービス。

Evernote
Evernote社が運営するコンピュータ上のテキストデータや画像などのファイルをクラウド上で保存・管理できるサービス。複数のデバイスから文書の編集などが可能になる。

Dropbox
Dropbox社が運営するオンラインストレージサービス。手元にあるコンピュータに保存しているファイルをインターネット上の領域に保管することができる。

上に移行することで、いずれコンピュータ自体の消滅も予想されます。コンピュータの形が見えなくても、コンピュータを扱う機会はますます増えていくでしょう。

どのような状況の時に、どのような方法で見えないコンピュータに触れるのか。私たちはその方法も含めてデザインしていかなければなりません。これまでマルチメディアコンテンツのデザインは、コンピュータやスマートフォンなどのインターフェイス（画面）のデザインが中心でした。けれども、そのインターフェイスが様々なところに隠れていきます。今、身につけている、あるいはこれから身につけることになるウェアラブルなデバイスかもしれません。あるいは近くにあるセンサーや監視カメラ、電化製品かもしれません。

ストレージ
データを永続的に記憶する装置。ハードディスクなどの磁気ディスクや光学ディスク（CD/DVD/Blu-ray Discなど）、フラッシュメモリ記憶装置（USBメモリ/メモリカード/SSDなど）を指す。

あたらしい外灯の形を提案する「見守りプロジェクト」

二〇一四年にミサワホームと首都大学東京が中心となって行ったプロジェクトに、あたらしい外灯デザインの提案があります。私の個人事務所オフィスナイスは、デバイス制作とプログラミングを担当。プロダクトデザインをリーフデザインパークが担当しました。

家の敷地内に設置された外灯は、夜、暗くなった後に、門からエントランスまでの足元を照らすためのものですが、そこにいくつかのあたらしい試みを取り入れたプロトタイプを提案しました。一つは「心地よさ(平常時)」「注意喚起」「警告」の状態をそれぞれ表現すること。もう一つは常設されている特性を生かして、家のすぐ外側の状況をデータ化することでした。

まず私が取り組んだのは、センシングの方法でした。人が来たことを察知する照明といえば、玄関に設置された人感センサー付きLED照明を思い出します。民家の前を通ると、突然光に照らされる経験は誰もがあるでしょう。正直、あまり気持ちの良いものではありません。これらの器具の多くは赤外線センサーを利用して、人がいるかどうかによって、ON/OFFを操作しています。

ここで私はON/OFFの二値ではなく、段階的にどれくらい近づいたか、どれくらいその場所に佇んでいるか、どちらの方向から歩いてきたのか、センシングすることを試みました。カメラを利用した画像検知な

ども試した結果、超音波測距センサーを複数個利用して、ある程度正確なセンシングが可能になりました。

どれくらい近づいたかを検知することで、訪問者なのか、通りすがりの人なのかを区別できるだけでなく、段階的に照明の明るさを変化させることが可能になります。また、どちらの方向から歩いてきたのかを検知することで、家に訪ねてきたのか、帰ろうとしているのかを判別できます。そして、どれくらいその場所に佇んでいるかを検知することで、不審者である可能性を測るという方法です。

具体的には近づいた距離によって、段階的に明るさを変えたり、歩いてきた方向を照らすことで、柔らかく暗闇の中をナビゲーションするとともに、家人にとっては見守られている安堵感を、部外者にとっては監視を示唆することができました。

光のパターンも検証を重ね、明滅のスピードと、明るい時と暗い時が入れ替わる変化の曲線によって、心地よさと注意喚起、警告の三つの状態を表現しました。

さらにこのあたらしい外灯の持つ可能性は、光をコントロールするた

◀見守りプロジェクト
上：首振り型照明。人が来た方向に照明部が回転し、足元を照らす。
下：昇降型照明。人が近づくと内部に設置されたLED部分が上昇し、上部に取りつけられた反射鏡によって、足元を照らす範囲が大きくなる。

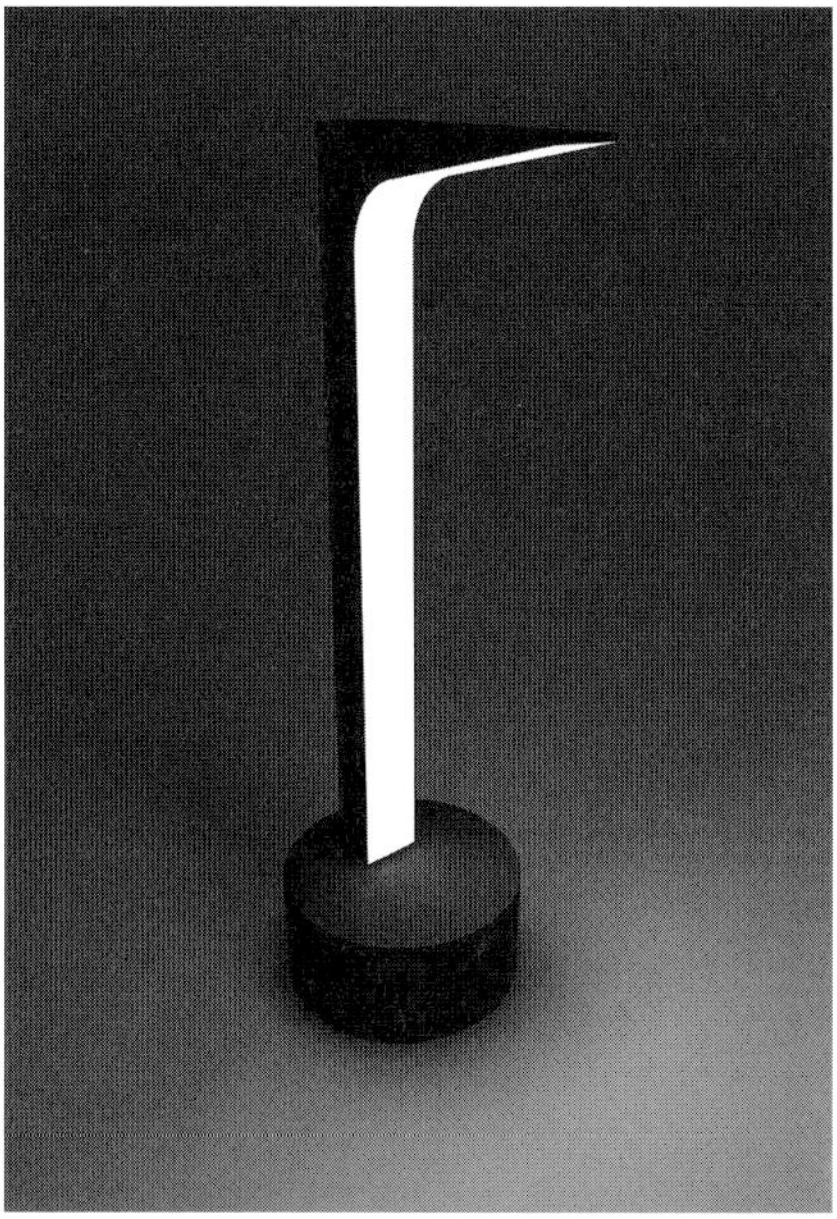

めにセンシングしたデータの蓄積から生まれます。誰かが家に近づいた、さらにはそこに佇んでいた、というデータを蓄積するだけでも、留守中や夜間に何が起こったのかを把握できますし、ネットワークにつながることで、リアルタイムに察知できるのです。この段階では測距センサーだけですが、ほかのセンサーを加えることで、さらに多くの情報が検知可能となります。足元を照らすための外灯が家を守るためのデバイスになることを、このプロジェクトは示しています。

ものづくりのデジタル化

コンピュータを扱う場合、最終的には何かの情報を画面上で表示するものがほとんどでした。同じように、入力する場合は、キーボードやマウス、ペンタブレットなどの入力デバイスや、ポインティングデバイスに限られていました。情報それ自体は形のないものですから、バーチャルなものであるとするのが当たり前の考え方でした。

マサチューセッツ工科大学メディアラボの石井裕教授が提唱する「タンジブル・ビット」は形のない情報を、実態のある触れられる形にすることで、コンピュータと人間の距離を縮める研究です。石井教授は二〇〇〇年以前からこのテーマで研究を行っており、日本でも二〇〇〇年にICC*にて、《オープン・スタジオ「タンジブル・ビット――情報の感触 情報の気配」》展が開かれ、この考え方が広がる契機になりました。コンピュータを操作する点において、この考え方は非常に重要で、情報の入力と出力を多様化させるものでした。けれども、この頃はまだ、専門的な知識がなければ踏み込めない領域でした。

ブレイクスルーになったのは、二〇〇〇年代中頃に発表された「Arduino」や「Gainer*」といったマイコン基板でした。これらのマイコン基板はオープンソースで提供されており、比較的簡単なプログラミングによって、基板の中のプログラムを書き換えができるようになったのです。基板には複数の入出力ピンがあり、距離や圧力などを測るセンサーをつないだり、モータやサーボなどのアクチュエータ*をつないで、入出力をコントロールすることができます。この仕組みによって、高度な専門知識がなくても、実際に動くモデルを試作できるようになりました。

ICC
NTTインターコミュニケーション・センター。一九九七年、西新宿に開館した文化施設。

Gainer
コンピュータにセンサーやアクチュエータなどを接続するためのI/Oモジュール。ActionScriptやMax/MSP、Processingなどでプログラミングすることで操作が可能。

アクチュエータ
機械・電気回路を構成する機械要素。モータやサーボなど、物理的運動を行うものを指す。

このような動きをともなうもの、あるいは触り心地があるものは、実際に触ってみなくては良し悪しが判断できません。近年では、早期に動くプロトタイプを制作して、体験しながらブラッシュアップしていく「ラピッドプロトタイピング」* という考え方が重要視されています。このようにこれまでのGUI* を超えた、身体的に感じることのできる情報をともなうものをフィジカルコンピューティング* と呼びます。フィジカルコンピューティングの考え方は、IoTやユビキタスコンピューティング、ウェアラブルコンピューティングとも深く関わっています。

Arduinoのようなマイコン基板、それを含む総合開発環境（IDE）* に関連して、デジタルファブリケーション* やパーソナルファブリケーション* という概念が広く提唱されています。それらは主に3Dプリンタやデジタルレーザー加工機、CNCマシンなど、コンピュータと接続されたデジタル加工機によるものづくりを中心とする概念です。

正しいデータ作成さえできれば、熟練した加工技術がなくても様々なものを制作することができます。近年、データ作成の方法も徐々に簡単になってきています。さらにインターネット上では、3Dプリンタで出

ラピッドプロトタイピング
3DCADデータなどを利用して、迅速に試作品を制作する技術の総称。

GUI / CUI
Graphical User Interface の略。コンピュータを操作する際に、ユーザーが直接操作する部分（一般的にはディスプレイ）をUI（User Interface）というが、GUIはアイコンやウィンドウなどを用いて、直感的に操作できるようにしたものである。これに対して、コマンド（文字）のみで操作するものをCUI（Character User Interface）という。

フィジカルコンピューティング
ニューヨーク大学のITPでインタラクションデザインを教えるための方法の一つとして考案されたもの。コンピュータが理解したり反応したりできる人間のフィジカルな表現の幅をいかに増やすかを目的とし、デザインやアート教育の一分野として定着している。

IDE
Integrated Development Environment の略。

力するための完成データの入手すら可能で、そういったデータを使えば、データ作成の技術も必要ありません。デジタル加工機が高性能に、そして安価になるにつれて、そういった世界がさらに身近になっています。

デジタル加工機も、高性能なものはまだまだ高価ですが、ファブラボ*のように、個人で揃えることができない機材を共有するための施設も各地にオープンしていますし、インターネット上でデータを送信して、出力された製品を届けてくれるサービスも増えています。

ものづくりは従来、職人的な鍛錬が必須で、長年の経験から技術を身につけていました。現在、ものづくりのデジタル化が広がりつつあり、コンピュータの力を借りることで、ものづくりに触れる機会は今後ますます増えていくと予想されます。

このような状況の中で、私たちデザイナーにはどのような可能性が広がっているのかを考えてみましょう。これまで時間もお金もかかっていたようなものづくりはどんどん短時間化され、安価になってきています。それまで紙の上でのスケッチでしか判断できなかったものが、実際

総合開発環境。ソフトウェアの開発において用いられるエディタ、コンパイラ、その他支援ツールなどを統合化した開発環境のこと。

デジタルファブリケーション
コンピュータと接続されたレーザーカッター、3Dプリンタ、切削加工機などの機材や、それを利用した制作スタイルを指す。近年、このような機材が低価格、省スペース化されたことにより、一般市民レベルに普及するようになった。

パーソナルファブリケーション
個人が自宅のガレージや机の上でものづくりを行うこと。デスクトップファブリケーションともいう。マサチューセッツ工科大学ビット・アンド・アトムズセンター所長のニール・ガーシェンフェルドが提唱した。従来型の大量生産に対するアンチテーゼであり、生活に必要なものを個人が自らの創意工夫により制作することを目ざす。

ファブラボ
デジタルファブリケーションを揃え、市

に触って確認できるようになっています。さらに、これまでは大手のメーカーでしか作れなかった製品が、比較的小さな規模、さらには個人でも製品化できるようになってきました。その結果、最近では、個人や小規模のグループから生まれた斬新なアイデアのプロトタイプを基に、クラウドファンディングで資金を調達し、製品化につなげていくといった、インディペンデントの家電メーカーも増えてきました。これまでの電化製品が大勢の人々を相手にしてきたことを考えると、このようなムーブメントによって、より個人に向けた提案を行えるようになったのが目に見えてわかるでしょう。製品が多様化し、より自分自身のライフスタイルに合ったものを選べるようになりました。同時に、多くの選択肢の中から最適なものを選ぶスキルも必要になります。

ものづくりが、より個人向けになってくると、これまでのものづくりとは方法論が変わってきます。時代が大きくシフトしている中、これまでのものづくりの考え方を大きく見直していく必要に迫られています。また、スタイリングやテクスチャや色だけでなく、工学的な機能も含めた広い領域の中で発想していく力が、デザイナーには求められているこ

民が発明を起こすことを目的とした地域工房の名称、FabLab。パーソナルファブリケーションとともにニール・ガーシェンフェルドによって発案され、同氏によって最初のファブラボがボストンに設立された。現在はこの動きが世界中に広まっている。

とを自覚しなければなりません。

書くことが楽しくなる机「Write More」

マルチモーダル、クロスモーダルという言葉があります。「マルチモーダル・インターフェイス」や「クロスモーダルなデザイン」などと使われますが、まずはこれがどのようなことを意味するのかを考えてみたいと思います。

両方に共通する「モーダル」という言葉の意味を考えてみましょう。モーダル（modal）はモード（mode）の形容詞です。モードというと、ほとんど日本語のように使われるほどなじみ深い言葉です。「今日は仕事モードです」「今は遊びモードです」のように、様相や状態を示す言葉です。

では、「モーダル」に対して「マルチ」や「クロス」という接頭語が加わるとどのような意味になるでしょうか？ 「マルチ」とはマルチメディアでもおなじみ「複数の〜」という意味です。つまり、「マルチモーダル」は複数のモードが組み合わさった状態を指します。

「マルチモーダル・インターフェイス」の場合は、複数の感覚モードを利用したインターフェイスを指します。私たちの感覚器は独立して機能することはありません。何かを集中して見ている時でも、耳からは周りの音が聞こえ、鼻では香りを感じています。マルチモーダル・インターフェイスは視覚的な情報だけでなく、聴覚や触覚、時には臭覚、味覚も含めて、コンピュータと対話するシステムを指します。ARなどのバーチャルリアリティの分野で使われることが多い言葉です。初期のマルチメディアは、モニタの中で完結していましたが、技術や表現の発達によって、より現実世界に近い、フィジカルなものになってきたことが表れた言葉です。

この考え方をさらに発展させたのが「クロスモーダル」です。クロスモーダルになると、むしろ「インターフェイス」に限定せず、「クロスモーダル・デザイン」のように、より広範囲の概念として使用されることが多い言葉です。クロスモーダルは、複数の感覚器を組み合わせることを基本としながら、それぞれの感覚器の相互作用が期待されます。

優れた料理人は盛り付けや色合いにこだわります。たとえ中身が同じだったとしても、色合いによって違う味に感じてしまいます。合成着色料がこれだけ豊富であることもその理由の一つかもしれません。また、夏のはじまりを告げる蝉の声を聞くと、気温はそれほど変わっていなくても暑さを感じてしまうものです。このように複数の感覚器の相互作用をクロスモーダルといいます。

つまり、マルチモーダルが現実世界の表層部分で行われていることであるとすれば、クロスモーダルはそれを拡張したもの、あるいは深層で行われている作用といえます。この項ではこの「クロスモーダル」の発想から生まれた事例を紹介します。

「Write More」* はソーシャルデザインプロジェクト「issue + design」* が開発した「かくをたのしむボード」です。

東京大学大学院苗村研究室の研究成果によると、自分の筆記音を聞くことで、書くことに夢中になり、美しい線や文字を速く書けるようになるそうです。この研究成果を応用して開発されたのがWrite Moreです。小さい子どもが、絵を書いたり、文字の練習をすることがありますが、最初のうちは集中して書いていても、なかなか集中力が続きませ

Write More
http://issueplusdesign.jp/writemore/

issue + design
http://issueplusdesign.jp/

ん。Write Moreを使うことで、自分の筆記音が大きく聞こえ、集中力も増し、楽しく「かく」ことができます。

見た目はシンプルな木製の板状のデバイスです。中が空洞になっていて、小型のマイクとスピーカー、そして回路が仕込まれています。その上に紙を置いて、鉛筆で絵や文字を書くと、小型マイクによって筆記音が入力され、増幅された音がスピーカーから出力される仕組みです。同時に入力された音をデータ化し、スマートフォンのアプリと連動させ、筆記音を車が走る音など、別の音に変換する機能も開発中です。

また、開発に至る経緯にも特筆すべき点があります。このプロジェクトは高知県佐川町での地方創生プランから生まれました。佐川町では自伐型林業を地場産業として育てていきたいと考えていました。その課題に対してissue + designが提案した解決方法の一つがWrite Moreです。いわゆる昔ながらの木工製品ではなく、地場のものにテクノロジーを加えたあたらしい木の製品です。教育的な要素だけでなく、地域創生も見据えた非常にうまくパッケージされた製品です。さらに、issue + designと佐川町では、木と最新のデジタルファブリケーション技術を組み合わ

▼Write More
Write Moreによって増幅された音が、書き手の集中力を高める。専用のひらがな練習帳はウェブサイトからダウンロード可能。専用アプリは開発中。二〇一五年一二月、発売価格一万八〇〇〇円。

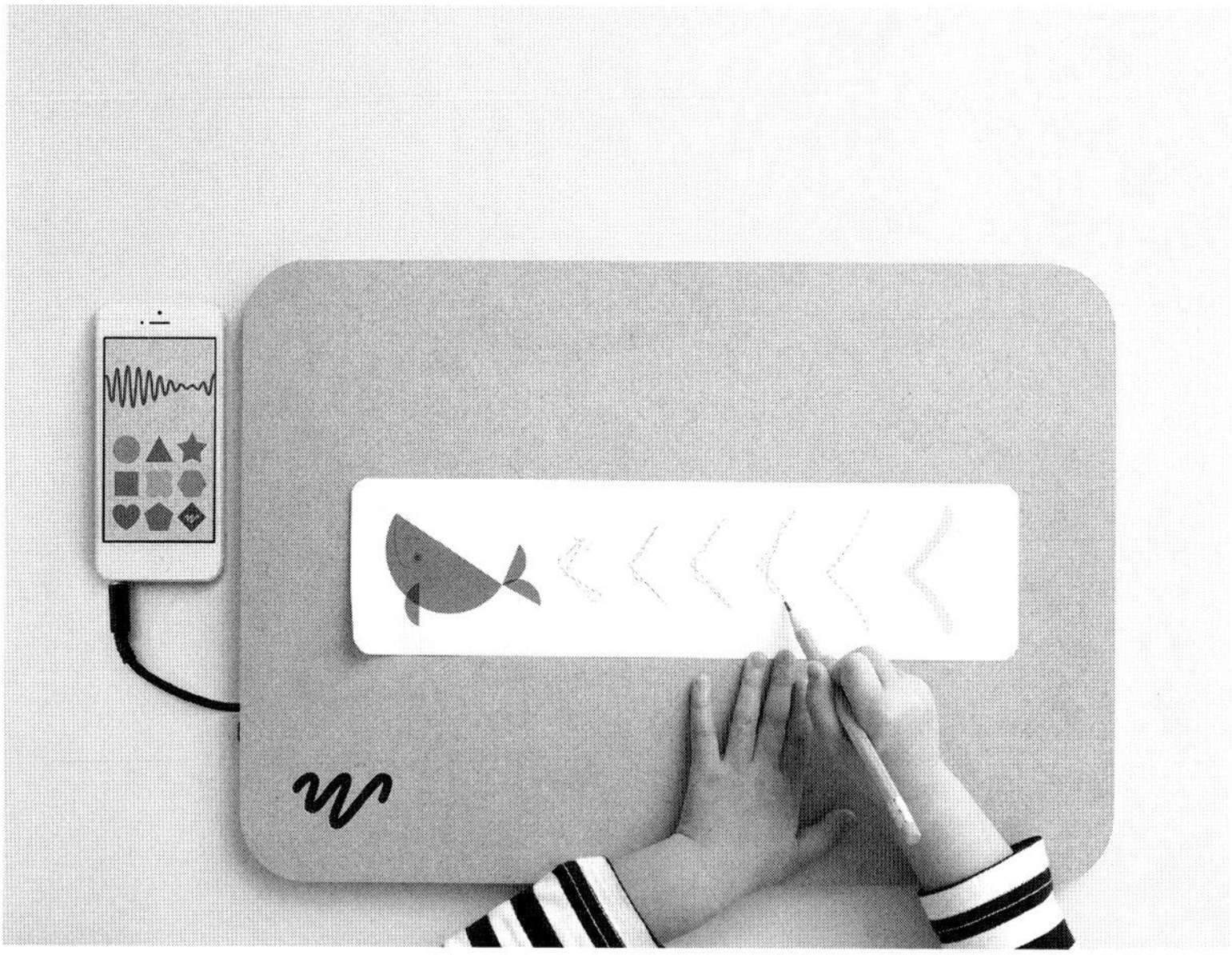

せたプロジェクトが今も進行中です。

デザイナーに求められるもの

ここまで一九九〇年代前後のマルチメディア隆盛の時代から現在までを足早に振り返ってきました。テクノロジーの急速な発達にともない、デザインもその領域を拡大し、変化した時代です。九〇年代頃までの広告業界が全盛の時代はマスメディアが情報の中心で、良くも悪くもひとところに注目が集まる時代でした。現在はより個を尊重する時代になりました。中央よりも地方へ、マスメディアよりも個人の発信する情報に主軸が移ってきました。デザインは単純に綺麗な形をつくるだけでなく、物事の仕組みを考えることを必要とされるようになりました。グラフィックやプロダクト、平面や立体の境界も曖昧になり、様々な領域を横断しながら思考する能力が求められています。

しかしながら、本来、デザインの持つ意味や役割は変わっておらず、むしろ、デザインの本質が強く求められるようになっただけなのです。グラフィックデザインにしろ、プロダクトデザインにしろ、その他の細分化されたデザインの分野はすべて、アウトプットの形は違えど、既存のものやことに問題意識を見出し、その問題を解決するための手段の一つです。ですから、アウトプットの形がいかに多様化しても、その本質は変わらないといえます。最初に本書では、デザインを「人々の生活を豊かにするための行為」と捉えたことも、そのような考えを基にしているからです。

テクノロジーによって、人間の生活に変化が生まれると、必要とされる色や形にも変化が起こります。例えば、誰もがスマートフォンを持つ時代になったことで、カバンにはスマートフォンを収納するためのポケットがデザインされるようになりました。極端に直接的な例ですが、同じような変化が、身の回りでたくさん起こっているはずです。

デザイナーとして、直接テクノロジーに関わり合うかどうかは別として、我々が生み出すべきものは、このような変化に必ず影響を受けています。ですから、私たちデザイナーは、今何が起こっているのかということに常に目を向けていかなければならないのです。

さらには、テクノロジーの発達によって、これまで情報を享受する側だったエンドユーザーが情報を発信するようになり、ものづくりをする時代になりました。これまで、デザイナーのように限られた職種の人だけが持っていた技術を、特別な教育を受けずとも手に入れることができる社会になったのです。こうした時代にあって、デザイナーは自分自身の技術を磨くだけでなく、彼らをより良い方向へと導く役割も担っています。

ゲームやエンターテイメントの世界では、最新のテクノロジーを利用して、常に新しい表現を見せてくれます。それ自体は素晴らしいものですが、私たちデザイナーは時流に流されることなく、地に足をつけて、そのような新しいテクノロジーや表現が、人々の生活の中で、どのように活用されるべきかを考えていく必要があります。しっかりと生活を見つめ、次世代の豊かな生活をデザインすることが我々の仕事です。

おわりに

この本を書き始めて、僕が大学生の時にコンピュータに触れ、インターネットと出会い、プログラミングを経験して、さらにテクノロジーの世界がどんどん広がっていったいわば青春時代を振り返ることになりました。今の高校生、大学生はデジタルネイティブといわれ、物心つく頃からコンピュータもスマートフォンもインターネットもある中で成長してきています。二十歳を超えてからコンピュータと深く関わり合うことになった自分と、どのような差があるのか、いまだ計り知れない部分でもあります。自分が、初期のコンピュータを知る人から当時のことを聞くことで得られる気づきがあるように、僕が経験したことを彼らに伝えることで得られることもあるだろうと信じて筆を進めました。

二〇一二年に武蔵野美術大学通信教育課程デザイン情報学科デザインシステムコースの専任教員になり、コース担当として、全面的なカリキュラムの見直しを進めてきました。趣旨に賛同して、授業を担当してくださるようになった先生方からは、今もたくさんの刺激をいただいています。彼らとのディスカッションの中で発見したことも、この本の中に込められたと思います。

なかなか筆が進まない中、やさしく背中を押してくれた武蔵野美術大学出版局の木村公子さんがいなければ、この本は完成することがなかったでしょう。自信のない僕を何度も励ましてくれました。また、この本の執筆のきっかけとなった授業「マルチメディア表現」を最初から二人三脚で担当していただいた角めぐみ先生、二〇一四年から授業を担当してもらうことになった白石学先生のお二人からは、たくさんの刺激とご助言をいただきました。執筆作業を陰で支えてくれた大垣彩さんとオフィスナイスのスタッフにも救われました。この場を借りて深くお礼申し上げたいと思います。

chronological table / index

一九八五年　PostScript が Apple LaserWriter に採用［p.14］

一九八七年　Apple HyperCard［p.15］

一九八八年　MacroMind Director 1.0［p.16］

一九九三年　HTML1.0［p.39］

一九九五年　Amazon.com サービス開始［p.62］

一九九五年　Windows95（TCP / IP 標準搭載）［p.21］

一九九五年　RealPlayer 発表［p.38］

一九九六年　Macromedia Flash 1.0［p.16, 17］

一九九七年　ICC オープン［p.77］

一九九七年　PostPet サービス開始［p.23］

一九九九年　Design By Numbers［p.27］

一九九九年　Napster（ファイル交換ソフト）［p.35］

一九九九年　Apple 社が AirPort（日本国内での名称は AirMac）発表［p.56］

二〇〇一年　Processing 発表［p.27］

二〇〇三年　Second Life 運営開始［p.23］

二〇〇四年　Gmail 発表［p.71］

二〇〇四年　openFrameworks 発表［p.27］

二〇〇四年　Facebook サービス開始（二〇〇八年、日本語版）［p.31, 32, 34］

二〇〇五年　mixi 正式サービス開始［p.34］

Skype 正式サービス開始［p.38］

YouTube 公式サービス開始［p.31, 32, 34］

Arduino プロジェクト開始［p.27, 77］

二〇〇六年　nintendogs（すれちがい通信が初めて採用）［p.57］

Gainer［p.77］

Twitter サービス開始（二〇〇八年、日本語版）［p.31, 32］

ニコニコ動画サービス開始［p.34］

二〇〇七年　iPhone 発表［p.7, 50］

Ustream サービス開始（二〇一〇年、日本語版）［p.38］

二〇〇九年　Foursquare サービス開始［p.52］

「ドラゴンクエストⅨ 星空の守り人」（すれちがい通信）［p.57］

二〇一一年　日本にファブラボがオープン［p.79］

二〇一三年　Ingress 発表［p.58］

清水恒平（しみず・こうへい）

一九七六年福井県生まれ。一九九八年武蔵野美術大学造形学部基礎デザイン学科卒業。二〇〇四年に個人事務所「オフィスナイス」設立。二〇一二年に武蔵野美術大学通信教育課程デザイン情報学科の専任講師に着任、二〇一四年より准教授。専門はグラフィックデザインとプログラミング。主な仕事にウェブサービス「ストレスマウンテン」二〇一三年（http://stressmountain.jp/）、神戸市津波防災ウェブサービス「ココクル?」二〇一四年（http://kokokuru.jp/）、「人口減少×デザイン」二〇一五年（http://issueplusdesign.jp/jinkogen/）など。

マルチメディアを考える

二〇一六年四月一日　初版第一刷発行

著者　清水恒平

発行者　小石新八

発行所　株式会社武蔵野美術大学出版局
〒一八〇―八五六六
東京都武蔵野市吉祥寺東町三―三―七
電話　〇四二二―二三―〇八一〇（営業）
〇四二二―二二―八五八〇（編集）

印刷・製本　図書印刷株式会社

定価は表紙に表記してあります
乱丁・落丁本はお取り替えいたします

ISBN978-4-86463-051-1 C3004　Printed in Japan